专业技术人员继续教育培训用书

我们的

大数据时代

The Era of
Big Data

李广建 ◎ 主　编

化柏林 ◎ 副主编

中国人事出版社

图书在版编目（CIP）数据

我们的大数据时代/李广建主编. —北京：中国人事出版社，2015

专业技术人员继续教育培训用书

ISBN 978 - 7 - 5129 - 0893 - 2

Ⅰ. ①我…　Ⅱ. ①李…　Ⅲ. ①互联网络-数据采集-继续教育-教学参考资料　Ⅳ. ①TP274

中国版本图书馆 CIP 数据核字（2015）第 085578 号

中国人事出版社出版发行

（北京市惠新东街 1 号　邮政编码：100029）

*

保定市中画美凯印刷有限公司印刷装订　　　新华书店经销

787 毫米×960 毫米　16 开本　12 印张　200 千字

2015 年 5 月第 1 版　　2015 年 5 月第 2 次印刷

定价：**26.00** 元

读者服务部电话：（010）64929211/64921644/84643933

发行部电话：（010）64961894

出版社网址：http://www.class.com.cn

版权专有　　侵权必究

如有印装差错，请与本社联系调换：（010）80497374

我社将与版权执法机关配合，大力打击盗印、销售和使用盗版

图书活动，敬请广大读者协助举报，经查实将给予举报者奖励。

举报电话：（010）64954652

编委会名单

主　编：李广建

副主编：化柏林

编　委（按姓氏拼音为序）：

　　　　江信昱　　王昊贤　　王晓笛　　祝振媛

前　言

　　人类社会已经进入了大数据时代。大数据是继云计算、物联网之后 IT 产业的又一次颠覆性的技术革命。其对数据价值的分析和应用，正在逐步地改变人类世界。无论是科研学术界，还是工商企业界，无论是政府组织管理，还是个人日常生活，随时随处可见大数据的影子。大数据给时代带来的改变也无处不在，从精准营销到战略定位，从课程开设到人才就业，从桌面办公到移动互联，从产业升级到社会变革，从网络安全到国家安全，从社会治理到国家战略，大数据不仅改变了人们工作、生活和学习的方式，也改变了人们思维与决策的方式。可以说，大数据不仅仅是一项技术，更是衍生成为一种社会现象。

　　大数据时代，谁掌握了数据并实现了数据的价值，谁就将在竞争中胜出。为应对当前激烈的竞争环境，并在国际竞争与合作中占据有利地位，我国政府高度重视大数据的应用价值与产业发展。《中共中央关于全面深化改革若干重大问题的决定》指出，"建立全社会房产、信用等基础数据统一平台，推进部门信息共享"，"充分利用信息化手段，促进优质医疗资源纵向流动"。《"十二五"国家战略性新兴产业发展规划》将"智能海量数据处理相关软件研发和产业化"（大数据技术）列为重点发展技术方向之一。除了中央政府的高度重视和大力推进，北京、上海、贵州、广东、武汉、济南等地均推出了针对大数据产业发展的相关规划或举措，大数据产业快速发展的政策环境已经成型。

　　专业技术人员作为我国人才队伍的主体和骨干力量，是我国科技、教育、文化、卫生、体育等专业化公共服务的主要承担者，是推动科技创新、管理创新、文化创新的主力军。在以颠覆与创新为主导的大数据时代，专业技术人员不只是数据的见证者，还是数据的生产者、加工者和消费者。如何在大数据时代培养自身的数据基因和数据思想并整合各种分析方法，对复杂现象及其关系做出审慎判断，将是现代社会中专业技术人员必备的个人修养和生存技能。

为帮助广大专业技术人员全面系统地掌握大数据相关知识和技能，提升综合能力和素质，加快推进专业技术人才知识更新工程实施，我们编写了《我们的大数据时代》这样一部教材。本书以基础性与系统性为导向，对当前大数据的概念进行了辨析，讨论了大数据的机遇与挑战，介绍了大数据的技术，论述了大数据的管理，探讨了大数据的安全与应对，归纳了大数据的应用价值，全面展现了大数据的应用现状和未来发展方向。考虑到专业技术人才队伍特征和工作实际，本书在编写过程中力求通俗，尽量避免艰深晦涩，并在每章章后设计了思考题，内含情景分析题，以供读者参考。希望读者能够借助本书初步掌握大数据的基本理论、方法、技术与应用等方面的基础知识。

本书共分为六章，具体分工如下：

第一章　大数据时代　执笔人：化柏林　李广建

第二章　大数据的机遇与挑战　执笔人：李广建　化柏林

第三章　大数据的技术　执笔人：王昊贤　王晓笛

第四章　大数据的管理　执笔人：祝振媛　江信昱

第五章　大数据的安全　执笔人：王晓笛　王昊贤

第六章　大数据的应用　执笔人：江信昱　祝振媛

全书由李广建统筹策划，确定全书主体内容、逻辑框架与写作风格等，化柏林、江信昱在编写过程中对各章的内容提出了重要的修改意见并提供了大量的资料，李广建对全书进行了修改审定。

中国人事出版社的刘明波同志负责本书的编辑工作，他对本书的定位、内容布局等一系列关键问题给出了非常中肯的意见与建议，在此表达我们的谢意。

在写作过程中，我们参考和借鉴了大量的中外文资料。由于篇幅所限或工作疏忽，本书未能一一列出全部的参考文献，在此，对本书具名和未具名的参考文献的作者表示衷心的感谢。

大数据是最近几年出现的新生事物，我们对她的了解也是初步的。本书的各位执笔人虽然努力，但限于能力和水平，加之时间有限，缺点不足与错误疏漏之处在所难免，恳请各位专家和读者批评指正。

李广建

2015 年 4 月于北京大学

目 录

Contents

第一章
大数据时代

本章导读

　　本章主要介绍大数据的基础知识。通过分析大数据时代来临的历史背景，引入大数据的基本概念、特点、分析理念和价值，梳理典型国家的大数据政策与计划，并结合其在当前商业运营和管理中的成功案例，帮助广大专业技术人员理解。

第一节　大数据概述

　　当今世界已经进入了大数据时代。大数据无处不在，它正在深刻影响人们的工作、生活和学习，并将继续产生更大的影响。专业技术人员身处大数据时代，需要更好地认识大数据、掌握大数据、利用好大数据。

一、大数据产生的背景

（一）大数据产生的技术背景

　　大数据不是某一天突然产生的。随着互联网信息的急速增长，机器设备信息的实时采集，产生了大量数据，这些数据如何存储、挖掘以及利用成为一个人们必须解决的问题，文本、图片、音频、视频等多媒体信息对存储技术提出了新的要求，而位置信息、关系信息使得数据种类越来越丰富，其价值挖掘也日益受到人们的重视。大数据的理念和方法正是在这种环境中产生的。

互联网是一种最为突出的大数据环境。在 2000 年前后，互联网网页呈现爆发式增长，到 2000 年年底，全球网页数达到 40 亿个，而且每天以大约 700 万个网页的速度飞速增长。在这种情况下，用户查找信息越来越不方便。为了帮助互联网用户从亿万数据中快速找到所需信息，谷歌（Google）等公司率先建立了覆盖数十亿网页的索引库，开始提供较为精确的搜索服务，大大提升了人们使用互联网的效率，这是大数据应用的起点。当时搜索引擎要存储和处理的数据，不仅数量之大前所未有，而且形式以非结构化数据为主，传统技术已经无法应对。为此，谷歌提出了一套以分布式为特征的全新技术体系，即后来陆续公开的分布式文件系统（GFS，Google File System）、分布式并行计算（Map Reduce）和分布式数据库（Big Table）等技术。通过这些技术，利用较低的成本实现了之前技术无法达到的数据处理规模。这些技术奠定了当前大数据技术的基础，可以认为是大数据技术的起源。

随着互联网的进一步发展，特别是 Web 2.0 发展，万维网之父蒂姆·伯纳斯－李（Tim Berners－Lee）等人在 2007 年发起开放数据运动，将关联数据串联起来形成一个巨大的数据网，从而构建更多的应用与服务，开放数据运动同时也带来了更多的数据。云计算、物联网、分布式并行计算及数据库、社交网络及智能终端等新兴信息技术的发展，也正在不断丰富数据的采集方式。此外，为了解决数据遗失问题，数据存储设备及其功能也不断完善，使得数据的保存更加便捷，这也让数据量变得越来越大，据 IDC 报告估计，2005—2020 年间，全球数据量将增长 300 倍，达到 40 万亿 GB①。数据的快速增长，引出了更多的数据管理、硬件环境与分析服务等需求。政府、电子商务、互联网、金融、医疗保健等行业的相关组织开始使用多种新兴信息技术不断搜集不同来源的各类数据，以便从中挖掘出更多有价值的信息或知识。对组织来说，数据采集已不是主要障碍，关

---

① GB（Gigabyte）表示计算机存储容量。计算机存储容量基本单位是字节（Byte），一个字节能够容纳一个英文字符，一个汉字需要两个字节的存储空间。表示计算机存储容量的单位还有 KB、MB、GB、TB、PB、EB、ZB、YB、BB。各单位表示的容量换算公式如下：1 KB = 1 024 Byte；1 MB = 1 024 KB；1 GB = 1 024 MB；1 TB = 1 024 GB；1 PB = 1 024 TB；1 EB = 1 024 PB；1 ZB = 1 024 EB；1 YB = 1 024 ZB；1 BB = 1 024 YB。一张 CD 光盘的容量约为 600 MB。

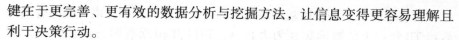

键在于更完善、更有效的数据分析与挖掘方法，让信息变得更容易理解且利于决策行动。

（二）大数据产生的社会背景

伴随着互联网产业的崛起，新的海量数据处理技术在电子商务、精准广告、智能推荐、社交网络等方面得到了广泛应用，并取得巨大的商业成功。这启发了全社会开始重新审视数据的巨大价值，于是，金融、电信等数据密集型行业开始尝试使用新的理念和技术并取得初步成效。与此同时，业界也在不断对谷歌公司提出的数据处理技术体系进行扩展，使之能在更多的场景下使用。2011 年，麦肯锡、世界经济论坛等知名机构对这种数据驱动的创新进行了研究总结，随即在全世界兴起了一股"大数据"研究和应用的热潮。

大数据概念的提出，对人们的生活、思维及工作方式产生了巨大的影响，并将当前的信息化社会推进到了一个新的发展阶段。当前数据急速膨胀，使得传统的系统平台已无法支持大数据处理，现有分析方法也难以从纷繁复杂的大数据中凝练出更多有价值的信息以及提供新的深刻洞察，这就要求对大数据存储技术、处理技术、分析方法、应用服务等方方面面做全新的思考，进而也引出了大数据存储、分析、管理与服务等一系列基于数据链的"大数据产业"。

大数据被多个领域视为下一代信息技术与数据分析管理的热点，影响人们思维与生活、企业运营与管理、国家治理与政府决策等各个方面。对国家决策及政府管理来说，数据资源已成为新时代中的一种战略优势。对科研人员来说，大数据并不是突然出现的新概念或新技术，而是由过去的分布式、数据挖掘等专业术语演变成的广为人知的流行词，这种演变的重要意义在于启发了人们重新审视数据的重要意义及潜在价值。

无论是科研学术界，还是工商企业界；无论是政府组织管理，还是个人日常生活，大数据已渗透到各个学科领域、各行各业、多个层面。可以说，大数据不仅仅是一项技术，更是一种社会现象。如何搜集与构建大数据、存储与管理大数据、分析与挖掘大数据价值，变成为一个新热点、新领域。大数据带来的新机遇与新挑战是前所未有的，值得人们广泛关注。

二、大数据的基市概念

大数据是当前信息化社会发展的热点话题。关于什么是大数据，目前也有多种观点。

　　较直观的认识是按照数据规模来界定大数据，例如，麦肯锡的咨询报告将 TB 级以上的数据集视为大数据；2014 年国际数据公司预测报告指出，在大数据环境中超过 100TB 的数据集已是常态现象，包括谷歌每天处理的搜索查询、NASA（National Aeronautics and Space Administration，美国国家航空航天局）的天气观测数据存储量、电商每天处理的交易数据等；舍恩伯格在《大数据时代》一书中认为 PB 级以上的数据才称为大数据。

　　另一种典型观点认为，传统数据库技术与方法无法处理的海量或非结构化的数据集，称之为大数据。维基百科将大数据定义为：无法在一定时间内用常规软件工具对其内容进行抓取、管理和处理的数据集合。高德纳（Gartner）咨询公司也认为，数据的极端规模、多样性和复杂性已普遍存在于当前环境，同时也是一种颠覆现象，致使当前的数据管理、技术工具或分析方法需要进一步扩展、改造、集成甚至创新。显然，这些观点已经不把数据量作为判别是否是大数据的唯一标准了，而是引入了技术和方法标准，即大数据是无法用传统数据库技术与方法处理的数据集。

　　以上两种观点都是从大数据的自身条件来定义大数据的，还有一种观点，从功能或流程角度来诠释大数据。这种观点认为大数据是基于多源异构、跨域关联的海量数据分析所产生的决策流程、商业模式、科学范式、生活方式和观念形态上的颠覆性变化的总和。大数据是数据化趋势下的必然产物。数据量的爆炸性增长，不仅带来了各种计算处理数据的新要求，而且带来了互联网时代信息过载以及如何抓住消费者注意力的新问题。数据来源极大丰富，形成了大量非结构化的数据形态，并且数据之间的跨领域关联现象十分普遍。同一个数据，其表现形式可能会不同，表现方式可以是数据库、数据表格、文本、传感数据、音频、视频等多种形式；同一个事实或规律可以同时隐藏在不同的数据形式中，也可能是每一种数据形式分别支持了同一个事实或规律的某一个或几个侧面，这种跨域关联是数据量增大后从量变到质变的飞跃，是大数据巨大价值的基础。服务对象上也从针对全体的服务，变成了针对不同群体，甚至个体的服务。大数据不是数据量的简单刻画，也不是特定算法、技术或商业模式上的发展，而是从数据量、数据形态和数据分析处理方式，到理念和形态上重大变革的总和。

　　总结以上内容，要全面了解大数据，应该从"数据资源、技术工具、分析应用"三个认识视角来界定大数据。大数据是具有体量大、结构多样、时效性强等特征的数据；处理大数据需采用新型计算架构和智能算法等新技术；大数据的应用注重相关分析而不是因果分析等新理念，目的在于发现新的知识与洞察并进行科学决策。

三、大数据的特点

（一）大数据的数据特点

IBM（International Business Machine Corporation，国际商用机器公司）用 3 个 V 来描述大数据的三个基本特性，3V 分别是体量（Volume）、速度（Velocity）以及多样性（Variety）。也有人认为大数据包括三个要素，即大分析（Big Analytic）、大带宽（Big Bandwidth）以及大内容（Big Content）。舍恩伯格把大数据总结为 4 个 V，即数据规模大（Volume）、数据类型多样（Variety）、数据处理速度快（Velocity）、数据价值密度低（Value）。尽管大数据的定义与说法不尽相同，但归结起来，大数据具有如下几个典型特征：

1. 数据规模大

数量巨大是大数据最显著的特征，且大数据的数据量仍以前所未有的速度持续增加。淘宝网每天的交易达数千万次，数据产生量超过 50 TB。百度公司每天大约要处理 60 亿次搜索请求，数据量达几十 PB。一个 8 MB 的摄像头一小时能产生 3.6 GB 数据，一个城市若安装几十万个交通和安防摄像头，每月产生的数据量将达几十 PB。根据麦肯锡全球研究院（MGI，Mckinsey Global Institute）预测，到 2020 年，全球数据使用量预计达到 35 ZB。医疗卫生、地理信息、电子商务、影视娱乐、科学研究等行业，每天也都产生大量数据。如何处理超大规模的网络数据、过程行为数据、移动数据、射频采集数据、社会计算数据、语音通话数据、多媒体视频数据已经成为科研界和产业界亟待解决的关键问题，也是大数据要解决的核心问题。

2. 数据类型多样

现在业内有一种观点认为，数据如果类型单一，那么即使数据量再大，也难以称之为大数据。数据来源广泛、类型多样、结构各异是大数据的重要特点。大数据的数据类型不仅包括传统的结构化数据，而且包括过去用常规软件无法进行深入分析处理的非结构化数据。随着互联网的飞速发展，各种新型应用不断涌现，如社交网络、电子商务、位置服务等，以文本、图形、语音、视频等为代表的非结构化数据的增长速度越来越快，远远超过了结构化数据的增长速度。未来大数据主要通过对非结构化数据的分析处理来获得有价值的结论。可以说，数据类型多样是大数据非常突出的特点，针对多源数据的分析与处理也必将成为大数据分析与处理的重要趋势之一。

3. 数据处理速度快

大数据环境下，数据的创建、分析和处理的速度在不断加快。目前，数据以传统系统不可企及的速度在传播，在短短的 60 秒内，视频分享网站 YouTube 上的用户会上传长达 48 小时的视频；谷歌会收到 200 万次搜索请求并能迅速反馈结果；社交网站推特（Twitter）可以处理 100 万条微博信息；应用商店 AppStore 有 4.7 万次的应用下载；全球新增网站达到571 个。搜索引擎、电子商务等公司都要求实时地处理数以万计的海量数据，而且数据量增长迅速，传统的离线加批处理的方式已经不能满足要求，这对数据的处理也提出了更高的要求，数据处理的速度需越来越快，甚至要做到数据随时产生，随时处理。

4. 数据价值密度低

大数据目前仍处于数据价值密度很低的阶段。尽管数据价值不可估量，但受传统思维和技术的限制，人们很难充分发掘数据所蕴含的巨大价值，大数据的价值利用密度仍然较低。另外，有些数据本身价值密度就很低，例如，美国棱镜计划中，一般上网用户作为单个个体，其数据的利用价值并不高，只有一些恐怖分子、各国政要等特殊人士的数据才有分析价值。再如，交通视频监控或小区安保监控录像中的数据价值密度也很低。对交通事故责任认定而言，只有发生事故的那段视频，才是有价值的，其中大量其他数据对此并没有实际用途，换句话说，虽然视频监控器会记录下数量庞大的视频，但其中只有很少一部分对交通事故责任认定有用，因此说这些连续视频数据的利用价值密度很低。

（二）大数据的技术特点

从技术视角来看，大数据对传统数据存储及管理平台发起了挑战，为了满足大数据的低耗能存储及高效率计算的要求，需要多种技术的协同合作。这些技术包括分布式云存储技术、高性能并行计算技术、多源数据清洗及数据整合技术、提供大数据存储—索引—查询等活动的云计算平台、解决海量数据结构复杂问题的分布式文件系统及分布式并行数据库、呈现复杂的数据分析结果的可视化高维展示技术等。下面主要介绍一下分布式云存储技术、高性能并行计算技术和可视化高维展示技术。

1. 分布式云存储技术

目前，基于 Hadoop① 技术的数据存储和处理工具已被广泛应用。为了应对大数据的复杂数据结构和提高系统存储管理效能，非关系数据库（NoSQL）以及融合了可扩展性与高性能的新型数据库（NewSQL）也应运而生。典型的产品有谷歌公司的 BigTable 和 Spanner、阿帕奇（Apache）的 Hadoop 项目的子项目 HBase、甲骨文公司的 NoSQL Database、VoltDB 公司的 VoltDB、美国布朗大学（Brown）等单位开发的 H-Store 等。从分布管理的角度来看，云平台已经成为大数据存储必不可少的技术支撑，而在存储方式上，由适合结构化数据的行存储改为适合大数据的列存储，也是大数据对传统存储方式的挑战。

2. 高性能并行计算技术

数据的海量增长和复杂结构需要在提高系统性能与计算能力的基础上进行大数据的各种分析。这方面典型的技术与平台有基于 MapReduce 的各种并行计算技术（如雅虎的 S4、Twitter 的 Storm、领英的 Kafka、美国加利福尼亚大学伯克利分校的 Spark Steaming 等）以及微软的 Dryad 分布式并行计算平台等。传统的串行计算不仅处理能力有限，而且时耗较长。大数据的实时快速处理需要高性能并行计算技术的强力支撑。

3. 可视化高维展示技术

面对庞大复杂的数据，如何展示数据之间的关系以及数据分析结果，是大数据处理的关键技术之一。可视化高维展示技术有两个方面的作用：一是能够直观反映多维数据之间的空间关系，包括单模数据关系（如用户与用户的关系、商品与商品的关系）与多模数据关系（如用户与商品的关系）；二是能够动态演化事物的变化及变化的规律。除了传统的柱状图、饼状图、曲线图等统计图外，大数据更多地采取网络图、地形图等来展示数据、数据与数据以及数据与时间之间的关联，而且图形不再是静态的图片，其中的每个要素都可以进一步点击展开，并能随着时间变化而不断变化。

四、大数据的分析理念

大数据在分析理念上有三个重要的转变。这三个理念转变主要包括：

---

① Hadoop 是一个由阿帕奇（Apache）基金会所开发的分布式系统基础架构，是参考谷歌相关技术发展起来的开源系统，其核心部分是分布式文件系统 HDFS（Hadoop Distributed File System）和编程模型 M/R（Map/Reduce，映射/归约）。

在数据基础上倾向于全体数据而不是抽样数据，在分析方法上更注重相关分析而不是因果分析，在分析效果上更追究效率而不是绝对精确。

（一）倾向于全体而不是抽样数据

在过去，由于缺乏获取全体样本的手段，人们发明了"随机调研数据"的方法。理论上，抽取样本越随机，就越能代表整体样本。但问题是获取一个随机样本的代价很高，而且费时费力。人口调查就是典型的例子，稍大一点的国家很难做到每年都发布一次人口调查数据，其中一个重要原因是随机调研过于耗时耗力。

有了云计算和数据库以后，获取足够大的样本数据乃至全体数据，就变得非常容易了。在电子商务应用中，电商平台不需要对用户的兴趣、收入、上网时间、每月网购花费等信息进行抽样调查，因为电商平台拥有几千万甚至上亿名用户的网络行为日志，包括用户上网渠道、浏览次数、访问路径、历史购物信息、页面停留时间等比较全面的信息与数据，这些信息足以反映用户的特征、兴趣等。而且，由于这些数据是电商平台上的所有用户留下的数据，反映的是全体用户的真实上网和购物情况，所以，针对这些真实的用户数据进行分析，比抽样调查数据更全面，更能反映整个群体的特征与规律，这些特征与规律足以为发现新的商业机会提供决策支持。

（二）注重相关分析而不是因果分析

相关性是指两个或者两个以上变量的取值之间存在某种规律性，当一个或几个相互联系的变量取一定的数值时，与之相对应的另一变量的值按照某种规律在一定的范围内变化，则认为前者与后者之间具有相关性，或者说二者是相关关系。相关性表明变量 A 和变量 B 有关，或者说 A 变量的变化和 B 变量的变化之间存在一定的正比（或反比）关系。但相关性并不一定是因果关系（A 未必是 B 的原因）。相关性（相关关系）与因果性（因果关系）是完全不同但常被混淆的两个概念。例如，根据统计结果，可以说"吸烟的人群肺癌发病率会比不吸烟的人群高几倍"，但不能得出"吸烟致癌"的逻辑结论。我国概率统计领域的奠基人之一陈希孺院士生前常用这个例子来说明相关性与因果性的区别。他说，假如有这样一种基因，它同时导致两件事情，一是使人喜欢抽烟，二是使这个人更容易得肺癌。这种假设也能解释上述统计结果，而在这种假设中，这个基因和肺癌就是因果关系，而吸烟和肺癌则是相关关系。

通过利用相关关系，可以比以前更容易、更快捷、更清楚地分析事物。只要发现了两个现象之间存在着显著的相关性，就可以创造出巨大的经济利益，而不必要非去马上弄清楚其中的原因。例如，沃尔玛超市通过销售数据中的同购买现象（相关性）发现了啤酒和尿布的关系、蛋挞和飓风的关系等。美国海军军官莫里通过对前人航海日志的分析，绘制了新的航海路线图，标明了大风与洋流可能发生的地点，但并没有解释原因，对于想安全航海的航海家来说，"什么"和"哪里"比"为什么"更重要。大数据的相关性分析将人们指向了比探讨因果关系更有前景的领域。通过对所有数据的分析就能洞察细微数据之间的相关性，从而提供指向型商业策略，亚马逊公司的推荐系统就很好地利用了这一点，并取得了成功。

（三）追求效率而不是绝对精确

对小数据而言，最基本、最重要的要求就是减少错误、保证质量。因为收集的信息量比较少，所以必须确保记录下来的数据尽量精确。无论是确定天体的位置还是观测显微镜下物体的大小，为了使结果更加准确，很多科学家都致力于优化测量工具。在采样的时候，对精确度的要求就更高、更苛刻。收集信息的有限，意味着细微的错误都会被放大，微小的错误有可能影响整个结果的准确性，正所谓"失之毫厘，谬以千里"。设想一下，在一个总样本为 1 亿人口中随机抽取 1 000 人，如果在 1 000 人上的运算出现错误的话，那么放大到 1 亿人中会有多大的偏差。但如果对这 1 亿人进行分析，有多少偏差就是多少偏差，不存在偏差被放大的问题。

用概率思想来说，不能保证大数据分析的结果都百分之百准确。整个社会习惯这种思维需要很长的时间。如果将传统的思维模式运用于数字化、网络化的 21 世纪，就会错过许多重要信息。对精确性的追求是信息缺乏时代和模拟时代的产物。有时，当人们掌握大量的新数据时，精确性就变得不那么重要，利用这些全面的新数据进行分析，基本上可以从总体上把握事物的发展趋势。事实上，大数据不仅让人们不再期待精确性，也让人们无法实现精确性。接收数据的不精确和不完美，反而能够更好地进行预测，也能够更好地理解这个世界。精确的计算是以时间消耗为代价的，在小数据时代，追求精确是为了避免放大偏差而不得已为之。在"样本＝总体"的大数据时代，快速获得一个大概的轮廓和发展脉络，就要比严格的精确性重要得多。图 1—1 展示了大数据的特点与分析理念的转变。

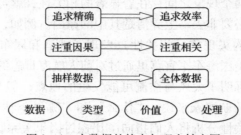

图 1—1　大数据的特点与理念转变图

　　总体看来，从数据资源、技术工具、分析应用三种视角理解大数据，说明了大数据具有规模庞大、多源异构、复杂结构及关系处理计算、数据多维分析等诸多新特点与新转变。不论从何种视角说明大数据的基本概念，都可发现，大数据的出现，给传统数据管理、数据处理及数据分析带来新挑战。大数据为信息化社会带来全新的视野，也带来了"数据驱动创新"的实践理念，在丰富的数据及持续改善的平台技术的支持下，大数据的理念和方法必将对社会发展产生更大的价值。

第二节　大数据的价值

　　大数据的价值体现在大数据的应用上，人们关心大数据，最终是关心大数据的应用，关心如何从业务和应用出发让大数据真正实现其所蕴含的价值，从而为人们的生产生活带来有益的改变。

一、大数据给思维方式带来了冲击

　　大数据不仅仅是个技术概念，更是深入人心的一种社会现象，大数据最大的价值体现在对人们思维方式的冲击上。甚至可以说，过去的二十年里，信息技术改变了人们工作与生活的模式；在接下来的二十年里，大数据正在改变或即将改变人们思维与决策的方式。从政府管理到社会治理，从互联网电商到零售商贸，从精准广告到赛事预测，从科研范式到人才选进，数不尽的案例都充分说明这一点。

　　大数据思维有三个维度——定量思维、相关思维、实验思维。定量思维，即一切事物及事物运动的状态皆可用定量的方式进行描述，不仅销售数据、价格这些客观标准可以形成大数据，甚至连顾客情绪（如对色彩、空间的感知等）都可以测得，大数据包含与消费行为有关的方方面面；第二，相关思维，一切皆可连，任何数据之间逻辑上都有可能存在相关性，利用这种相关性分析可以有新的发现与洞察；第三，实验思维，一切皆可试，大数据分析的效果好坏，可以通过模拟仿真或者实际运行来验证，传统的"公说公有理、婆说婆有理"的争论将会被实验所挑战。

（一）定量思维

定量思维是大数据时代的一个基本思维。美国迪士尼公司投资 10 亿美元进行线下顾客跟踪和数据采集，开发出魔力手环（Magic Band）。游客在入园时佩戴上带有位置采集功能的魔力手环，园方可以通过定位系统了解不同区域游客的分布情况，并将这一信息告诉游客，方便游客选择最佳游玩路线。此外，用户还可以使用移动订餐功能，通过手环的定位，送餐人员能够将快餐送到用户手中。利用大数据不仅提升了用户体验，而且有助于疏导园内的客流。而采集得到的顾客数据，可以用于精准营销。在大数据时代，人与物、静止与动态、线上与线下都可以被测量，都可以用定量的思维进行描述。

（二）相关思维

一切皆可连。一家做订餐配送的互联网企业，在送外卖的自行车和汽车上安装一套软件和追踪系统，从配送外卖的过程中采集了大量数据，如谁订了什么外卖、经过什么路线、送到了谁的家里……而通过对数据的分析，可以得出哪家餐馆的哪种外卖比较受欢迎，最快捷的路径是哪一条等，在此基础上为商家提供备料建议，并规划一条合理高效的送餐路线。利用表面上看似无关联的大数据，通过分析，公司能提供优化餐馆运营的增值服务。沃尔玛超市通过大数据分析，发现美国妇女通常在家照顾小孩，所以会经常嘱咐丈夫下班回家路上为孩子买尿布，而丈夫在购买尿布同时又会顺手购买自己爱喝的啤酒，这就是啤酒与尿布的真实案例。啤酒与尿布的经典案例也能充分说明一切皆可连的相关思维。

（三）实验思维

一切皆可试也是大数据的一种思维。在电商购物中，商品页面的其他产品推荐是个重要的功能（例如"买过该商品的人还买过×××"）。如何量化和优化推荐功能的效果？有研究机构做了这样一个测试：按顺序向用户推荐全部—屏蔽部分推荐—屏蔽所有推荐，经过一个月测试之后，跟踪被测试对象的购买情况，发现不屏蔽推荐的短期效应最高，购买量最多。而屏蔽所有推荐的效果要优于屏蔽部分推荐。而原先购买过商品的消费者在被屏蔽推荐后，商品销售额下降更快，因而可以得出推荐功能对有忠诚度的客户作用更大。更有趣的是推荐功能的长期效果。研究发现，不论首次购买过程中用户是否购买了推荐商品，第二次的访问情况都遵循这一规律：未被屏蔽推荐的顾客中，10%的人会再次访问，被屏蔽推荐的访问率是9%，而实际转化为访问的次数是8%，如果再结合老顾客推荐效果会更好，最后，营业收入提高了10多个百分点。目前的电商页面推荐都会通过 A/B 测试①来验证推荐算法的效果，通过实际运行来验证效果是大数据的重要思维。

二、大数据为政策制定提供科学依据

在大数据时代，如何借助大数据对各种问题进行科学的分析，从而保证决策正确，无疑是各级管理者关注的问题。传统的决策一般通过自主调查和咨询的方式来获得决策所需信息，缺乏多来源、全方位的充分信息进行支撑，决策者决策前获取的信息经常是片面的、有选择性的，这样就不能保证决策的科学性与正确性。决策者既能决策，又能执行，还管监督，甚至形象地描述为"决策一言堂，用人一句话，花钱一支笔"和"拍脑袋决策，拍胸脯保证，拍屁股走人"，这些现象充分说明了传统决策方式的随意性与主观性。

有了大数据支撑，决策的方式就可能改变。2014年年初，备受关注的"单独两孩"政策在各地逐步落地，据报道，这项政策的出台，相关机构和部门做了将近10年的研究，对人口政策采取什么样的调整都进行过数据模拟，通过"国家人口宏观管理与决策信息系统（PADIS）"利用大数据进行辅助决策。PADIS 系统依托国家电子政务网络平台，整合了来自公安、统计、民政、卫生、财税、教育、人力资源和社会保障、资源、环境、农业、建设等各个部门的数据，在数据的基础上建立未来的虚拟社会。在这个社会模型中，从新生儿的出生、儿童的就学，到大学生毕业后的就业和成年人的婚姻生育状况等与人口相关的关键状态都会有所体现。只需将具体的政策输入计算机，就能看到几年、几十年，甚至上百年后这

①　A/B 测试是一种新兴的网页优化方法，可以用于增加转化率、注册率等网页指标。把用户随机分为 A、B 两组，不同的用户会看到不同版本的页面（不同的页面设计效果或者不同的推荐算法），经过运行一段时间以后，对比两组的转化率，根据转化率高低判定两种设计或算法的优劣。

些政策在教育水平、资源承受能力、就业保障等方面所产生的影响，以便根据持续跟踪与模拟，为适度的政策制定选择一个合适的时间窗口，这就是基于大数据的科学决策。该系统除了能帮助政府调整计生政策外，还能凭借其拥有的海量数据和强大的模拟预测能力，对延迟退休、养老金缺口、交通规划、环境治理、房价上涨等热点问题提出自己的"真知灼见"。

利用数据融合、数学模型、仿真技术等，可以逼近事物的本质，可以大大提升政府决策的科学性，可以揭示出原来没有想到或难以展现的关联。例如，某单位基于国家经济数据库进行分析，结果表明 1990 年至 2011 年我国财政收入与企业注册资本之间的关系呈高度线性相关，其相关系数高达 0.987，而斜率竟为 0.148，也就是说，放开企业注册，可以大大增加政府财政收入，这就为宏观经济决策提供了非常有价值的参考。通过收集和汇聚各类政务信息，建立大数据决策分析模型，增强对重大突发事件、自然灾害及重要舆情的监测、预警、研判和处置能力，可以提高决策的科学性、准确性和有效性。在大数据的环境下，政府将从基于"经验"的决策模式走向基于"实证"的决策模式。用大数据技术，把决策从黑匣子转入了白盒子，技术向前走出的一小步，将带动科学决策的一大步。大数据大大拓展了政府决策的信息边界条件，并创新了决策的方法。

三、大数据助力智慧城市提升公共服务水平

大数据带来的改变是可以预期的——传统的思维方式和行为方式将面临巨大挑战，尤其在公共服务领域，它有效集成信息资源的能力，将会为政府管理理念和治理模式的转变提供强大的技术支撑。在这个需求多元化的时代，智慧城市的公共服务也势必要向个性化、精准化方向发展，大数据技术无疑是有力支撑。

智慧城市是在数字城市建立的基础框架上，通过物联网将现实世界与数字世界进行有效融合，自动和实时地感知现实世界中人和物的各种状态和变化，由云计算中心处理其中海量和复杂的计算与控制，为经济发展、城市管理和公众提供各种智能化的服务。智慧城市是"数字城市""物联网"和"云计算"的总和。在传统的城市大规模联网监控系统中，监控中心的电视墙可同时显示几十路的监控画面，完全靠人眼观察很容易遗漏异常事件。研究表明，专业监控人员在仅仅监视 2 个监视器的情况下，22 分钟后将错过 95% 的行为。这不能事先有效防控犯罪行为的发生。2005 年 7 月，英国伦敦地铁连环爆炸案，通过海量录像查证后才找到犯罪线

索，监控未能及时阻止犯罪的发生。而通过智能视频分析，计算机能够通过数字图像处理和分析来理解视频画面中的内容，自动对动态场景视频中运动目标物体进行检测、分离、跟踪，对目标的行为进行有效的识别。

智慧城市是推进信息通信产业发展的核心动力。国际电信联盟在相关报告中预测，今后 10 年，智慧城市将成为城市发展的范例，韩国首尔是其中最具代表性的城市。首尔市政府在"智慧首尔 2015"计划中，提出"利用大数据解决市民小烦恼"的口号，下大力气构建智慧城市所需基础设施，促进信息技术和公共服务产业的进步与发展，努力打造以人为本、以信赖为基础的有创造力的智慧都市。在建设智慧城市过程中，通过分析交通、福利和经济等领域的大数据，可以让政策制定更科学有效。例如，通过对深夜道路交通数据的分析，政府可以制定出更为合理的夜间巴士路线图。工作人员把首尔市划分成 1 250 个区域，了解半夜 12 点至凌晨 5点这个时间段手机通话的发出地和接收地，处理了大约 30 亿个通话数据后，数据分析结果通过不同颜色显示在地图上，通话次数越多，颜色越深。把通话量较多的区域连接起来，就制订出了行车路线，也能迎合市民需求。

大数据分析能去伪存真，用在公共服务领域可起到事半功倍的效果。比如上海市民政局建立了居民经济状况核对信息系统，通过信息核对，在17.4 万余户次申请保障房的家庭中，检出 1.7 万不合条件户；在"低保"项目中，共核对 51 万户次，新受理申请检出率达 14%，已累计节约公共财政 19 亿元。在上海交通综合信息平台的监控室内，可以一览上海市的交通状况，工作人员现场演示，某地段发生交通事故，监控平台的大屏幕将在 3分钟内自动发出警报，点击进入，就可以看到即时街景，交管部门可以根据事故情况采取相应的处理措施。此外，拥堵路段、所有运送危险物品车辆的位置、小区接到 110 报警等关键信息，也能实时反映在大屏幕上。这样的平台集成了道路传感系统、出租车 GPS（全球定位系统）、居民手机信号迁移、实时视频采集等多个来源信息，海量的数据汇聚而来并得到迅速整合，用以分析交通状况，大大提高了管控措施的准确性和时效性。不仅如此，根据长时间的数据分析，可以知道各个地段拥堵状况以及原因，对下一步的交通基础设施建设也能提供有力的决策支撑。这是大数据应用于公共服务领域的典型案例。

在上海申康医联总部，有世界上最大的电子健康档案信息库和 PB 级的医学影像档案库。"医联工程"自 2006 年启动以来，已完整收集上海

38家三级甲等医院数据，现又扩大收集范围，已覆盖上海、广州、武汉等20多个地市的近1亿就诊人群。一个病人只要到加入"医联工程"的任何一家医院就诊，就会自动生成一份电子健康档案，进入海量数据库。什么时间得什么病、在哪家医院由哪位医生进行了哪项检查、检查的电子影像资料、医生每次开的药物清单等关键信息全部予以收集。这无疑是一个"宝库"，政府、医生、病人都能各取所需。医生能根据病人既往病史和开药情况，实现诊疗精细决策，跟踪医疗质量；市民可就常见病自我诊断，实现智能就医推荐，并享受个性化康复保健指导等；而政府则根据数据分析，合理调配医疗资源，跟踪和分析慢性病，并能提高对疫情和突发事件的监测处置能力。

大数据将遍布智慧城市的方方面面，是智慧城市的智慧之源。从政府决策与服务，到人们衣食住行的生活方式，再到城市的产业布局和规划，甚至城市的运营和管理方式，都将"智慧化"或"智能化"。在城市规划方面，通过对城市地理、气象等自然信息和经济、社会、文化、人口等人文社会信息的挖掘，可以为城市规划提供强大的决策支持，强化城市管理服务的科学性和前瞻性。大数据在城市管理上的优势将主要体现在交通管理、医疗、社会安全等方面。有了大数据的支撑，就可以更好地提供道路交通状况进行判别及预测，辅助交通决策管理，可以更好地进行医疗资源配置、流行病跟踪与分析、疫情监测和及时处置，可以更好地发现潜在的食品安全问题，促进政府部门间联合监管。通过汇聚融合人口、警情、网吧、宾馆、火车、民航、视频、人脸、指纹等海量业务数据，可以深度分析和挖掘网络舆情和危机事件的动态，全面提升公共安全突发事件监测预警、快速响应和高效打击犯罪等能力，为人们的健康、安全、便利的城市生活提供更好的保障与服务。

四、大数据实现了精准营销

基于大数据的营销已经颠覆了传统的营销模式。传统的营销由于投入较大、针对性不强、转化率不高等问题受到了新的冲击。进入大数据时代以来，随着网络搜索、网络浏览、交易记录、快递送货地址、社交媒体数据等信息被采集与存储，企业可以通过大数据分析与挖掘判断用户的性别、年龄段、喜好、职业、收入水平、消费习惯、近期消费倾向等，根据这些信息对客户进行画像与细分，在此基础上进行精准营销、个性化推荐。

大数据的一个典型特点就是具有实时性，基于实时这个特点产生了巨大的商业价值。目前腾讯收集的数据已经超过了 1 万亿条，这么庞大的数据如果能实时处理，就能发挥出巨大的商业价值，这个商业价值最明显的就是精准推荐。腾讯每年有几十亿元的广告收入，其基础来自于基于数据的实时的精准推荐，包括视频推荐、音乐推荐、新闻客户端推荐、游戏道具推荐等。从数据进来到数据投放，历时不会超过 50 毫秒。大数据实时性增强了广告人群定向和动态定向的时效性，从而在许多方面改变了互联网广告的方式。举例来说，比如消费者今天想买泳衣，如果接下来的一段时间，各个网络平台上对其展示、推荐的都是泳衣，那么，考虑到消费者并非一成不变的需求心理，这样的推荐不仅意义不大，还会招致消费者的厌烦。要知道缺乏时效性的"大数据"不是真正的大数据。如果为用户推荐的是泳镜、防晒、塑形美体、海景度假等相关产品，或者根据大数据分析推荐机票、酒店，就会更加切合用户的实时需求，会带来较高的转化率与较好的用户体验。

为了深入了解每一个用户，亚马逊不仅从每个用户的购买行为中获取用户信息，还将用户在其网站上的所有行为都记录下来，通过这些数据的有效分析，亚马逊对客户的购买行为和喜好有了全方位的了解，帮助其货品种类、库存、仓储、物流以及广告业务实现了很大收益。阿里巴巴的淘宝网及"双十一"的大数据分析、腾讯的大数据平台及其数据分析，均基于其强大的信息搜集和分析系统，以从各种渠道采集数据，分析预测用户行为及制定精准营销策略，进而提高销售水平，提升用户体验，改善经营策略。

互联网电商行业在运用大数据营销方面取得了成功，线下零售行业也尝到了大数据营销的甜头。在美国百货商店，客户走过的过道、挑选和放下的产品、购买的东西以及捕捉表情瞬间的视频将会传给数据后台，通过数据分析确定消费者购买商品的倾向性、意图、满意度和情绪等。诸如沃尔玛、Tesco（英国零售巨头）等零售巨头已从数据中获得了巨大的利益，也因此使自己在业界长盛不衰。沃尔玛的"啤酒与尿布"的故事早已成为数据挖掘领域的经典案例。Tesco 公司可从其会员卡的用户购买记录中，充分了解一个用户是什么"类别"的客人，如速食者、单身、有上学孩子的家庭等，并基于这些分类进行一系列的业务活动，比如，通过邮件或信件寄给用户的促销可以变得十分个性化，店内的上架商品及促销也可以根据周围人群的喜好、消费时段更加有针对性，从而提高商品的流通。

对线下零售而言，由于并不知晓消费者进入商场的消费目的，所有购买行为并不像互联网那样留下浏览痕迹，在这种情况下，增加数据来源就成为大数据分析的前提。2012年一年中，北京的朝阳大悦城在商场的不同位置安装了将近200个客流监控设备，并通过WiFi站点的登录情况获知客户的到店频率，通过与会员卡关联的优惠券得知受消费者欢迎的优惠产品。通过对车流数据的采集分析发现，具备较高消费能力的驾车客户是朝阳大悦城的主要销售贡献者，而通过数据测算每部车带来的消费来看，客单超过700元，商场销售额的变化与车流变化幅度有将近92%的相关度。为此，朝阳大悦城对停车场进行了改造，如增加车辆进出坡道，升级车牌自动识别系统，调整车位导视体系等，力争吸引驾车客户。此外，他们还调整了停车场附近商户布局，极大地提高了优质驾车客群的到店频率。而店庆活动的设计与推广更能体现出精准营销的水平。朝阳大悦城在大量数据研究的基础上，认为必须想办法在上午把最优质的会员吸引到店、刺激他们充分购物。数据分析团队根据超过100万条会员刷卡数据的购物篮清单，将喜好不同品类、不同品牌的会员进行分类，将会员喜好的个性化品牌促销信息精准地进行通知。同时设置会员到店礼、高额买赠等活动，刺激会员尽早到店，并释放大单。通过以上措施，活动当天会员销售集中爆发，比历史最高增长了142%，当日销售总额、会员销售额、单位营业面积销售额纷纷刷新历史新高，同比之前的最高纪录增幅达46.9%、142.2%和45.3%，其中12点前实现会员销售额占全场销售额的73%，成功拉动了早场销售；会员人均消费近2 000元，有力地拉动了全场的客单价。

有研究表明，采用大数据的公司比不采用大数据的公司利润平均高6个百分点。6个百分点也许不那么起眼，但"积少成多、聚沙成塔"，在激烈的竞争环境中，这是可以让企业生存下来、脱颖而出的资本。传统零售商拥有大量数据，如沃尔玛一天的数据量达到PB级，这个数据资源能够转化为企业赢得比赛的耐力。由于大数据时代存在使从企业从做大到做强的反馈逻辑，企业做大之后会产生更多数据，对消费者的理解也就更深刻，营销更精准，企业变得更强，然后会产生更多的数据，从而形成正面反馈，这是一种最终的数据驱动成长模式。

五、大数据的发力点在于预测

从夜观天象到气象预报，从童话里的水晶球到今日的科技预言家，从地震云的传说再到科学家猛攻的地震预测，人类一直希望能够更早突破局限看穿未来。随着信息革命的深入，大数据时代的预测更容易，人类的生活正在被大数据预测深刻改变。

世界杯期间各家 IT 巨头利用大数据预测比赛结果，再现"章鱼保罗"雄风。在 2010 年南非世界杯上，章鱼保罗 8 猜 8 中，很多人惊呆了，但是在 2014 年的巴西世界杯上，章鱼的预测已无人关注，大家更关注基于大数据的预测。通过收集 FIFA（国际足球联合会）官方比赛统计、各个国家的排名、32 个国家的 Google 地图数据，以及球员数据、网民互联网搜索等各类数据，通过大数据分析与挖掘，最后预测出比赛结果。在四分之一决赛（8 进 4 淘汰赛）开赛前，包括百度、微软（Microsoft）、谷歌（Google）在内的国内外巨头都纷纷利用大数据给出了自己的预测，其中，百度和微软对 4 场比赛（巴西 VS 哥伦比亚、荷兰 VS 哥斯达黎加、阿根廷 VS 比利时以及德国 VS 法国队）的结果预测全部正确，而谷歌则在对德国队与法国队这一场比赛上预测失败。综合此前的成绩，百度和微软对 12 场比赛的结果预测完全一致且准确，预测准确率达到了 100%；而谷歌则预测准确了其中的 11 场，预测准确率为 91.67%。

预测性分析是大数据最核心的功能。人们在谈论大数据的采集、存储和挖掘时，除了赛事预测以外，最常见的应用案例还有股市预测、流感预测、消费者行为预测、犯罪预测、景点预测、高考预测、人口流动预测等。例如，通过人口迁徙图可以了解某个城市的人员流入流出情况，从而判断城市发展潜力，对于房地产和相关产业决策影响较大。传统的数据分析挖掘在做相似的事情，只不过效率会低一些或者说挖掘的深度、广度和精度不够。大数据预测则是基于大数据和预测模型去预测未来某件事情的概率。分析从"面向已经发生的过去"转向"面向即将发生的未来"是大数据与传统数据分析的最大不同。大数据预测的逻辑基础是，每一种非常规的变化事前一定有征兆，每一件事情都有迹可循，如果找到了征兆与变化之间的规律，就可以进行预测。

六、大数据为社会发展带来新动力

大数据加上云计算被认为是继信息化和互联网后整个信息产业的第三次革命，甚至可以与以蒸汽机的使用和电气的使用为代表的第一次工业革命和第二次工业革命相媲美。在新的科技革命浪潮中，云计算和大数据共同引领以数据为材料，计算为能源的又一次生产力的大解放，数据会成为一种非常具有战略价值的资源。有别于过去农业社会、工业社会到后工业社会或网络社会分别以土地、机器及信息作为生产要素，数据逐渐成为大数据时代中的重要生产要素，人们对海量数据的运用将预示着新一波生产力增长，而且大数据将会创造一个新的经济领域，该领域的全部任务就是将信息或数据转化为经济效益与社会利益。

大数据时代一切都在发生变化。经营方式发生了变化——制定决策变得与开展行动深度融合；运用信息的方式发生了变化——信息从处在经营的边缘变成了处于所有方面的中心；技术发生了变化——从批处理到实时处理；人们工作的方式发生了变化——从在命令和控制模式下运作到在合作环境下负责自己的信息及其交互应用。与信息化社会或知识经济社会不同，大数据带来的是一个着眼于"数据驱动"的时代。从经济社会视角来看，大数据的重点不在于"数据量大"，而是它如何创造价值以及促进创新，从而带来更多的经济效益与社会利益。

数据逐渐变成一种新形态的战略资源，其价值重要性已等同于自然资源和人力资源，在国家安全、信息公开、隐私保护、基础设施布局、社会系统稳定发展等方面发挥着巨大作用，大数据及其应用已经成为一切行业在当今社会中的竞争制胜以及社会创新的关键。在当代社会，专业技术人员不只是数据的消费者，也是数据生产者和加工者，其产生、加工、利用及传播的数据结果除了直接增加自身对世界的认识以外，也会间接影响他人的决策判断、产生经济效应及满足其他消费需求。因此，如何在大数据环境中培养自身的数据基因和数据思想并整合各种分析方法，对复杂现象及其关系做出审慎判断，将是现代社会必备的个人修养和生存技能。大数据时代是信息社会运作的必然结果，而借由它，人类的信息社会将迈上一个新的台阶。在大数据时代，谁掌握数据并实现数据的价值，谁就将在竞争中胜出，无论是商业组织，还是国家文明。

第三节　大数据各国行动

一、美国的大数据政策与战略计划

（一）总体概况

美国通过发布"大数据研究和发展计划"，成立大数据高级指导小组，建设透明和开放的政府，建设数据开放网站 Data. gov，实施棱镜计划等大数据应用项目，在科研教育界及时跟进，大数据技术、数据分析与价值推广方面领先于世界，确立了大数据发展的领先地位。

（二）发展路径分析

奥巴马政府在 2009 年推出了 Data. gov，按照原始数据、地理数据和数据工具三个门类，涵盖农业、气象、金融、就业、人口统计、教育、医疗、交通、能源等大约 50 个门类开放政府数据，平台还加入了数据的分级评定、高级搜索、用户交流以及和社交网站互动等新功能。

2010 年，美国国会通过数据更新法案，进一步提高了数据采集精度和上报频率，使美国数据采集和汇聚体系更加成熟。2011 年，美国总统科技顾问委员会提出政策建议，指出大数据技术蕴含着重要的战略意义，联邦政府应当加大投资研发力度。2012 年，美国奥巴马政府发布了"大数据研究和发展倡议"，正式启动"大数据发展计划"，将为此投入两亿美元以上资金。该计划将提升美国利用收集的庞大而复杂的数字资料提炼真知灼见的能力，推进和改善联邦政府部门的数据收集、组织和分析工具及技术，以提高从大量、复杂的数据集中获取知识和洞见的能力，强化美国国家安全，协助加速科学、工程领域创新步伐，转变学习和教育模式。

2013 年 6 月美国国家安全局棱镜计划（PRISM）监听项目被披露，根据英国《卫报》和美国《华盛顿邮报》的报道，该项目自 2007 年开始陆续从微软、雅虎、谷歌、脸书（Facebook）、视频聊天 Paltalk、视频分享 YouTube、语音通信 Skype、美国在线以及苹果公司获取电子邮件、即时消息、视频、照片、存储数据、语音聊天、文件传输、视频会议、登录时间和社交网络资料等大数据，经过对大数据的分析与处理，实现恐怖活动监测、犯罪行为模式与频率预测、国际合作谈判所需的数据与情报支撑、新的战略新兴产业与机会发现等战略目标。

2014 年 5 月，美国总统办公室发布了《大数据：抓住机遇、挖掘价值》的报告，该报告建议通过《电子通信隐私法修改法案》，确保对数据内容的标准保护，与现实世界中保持一致，推进消费者隐私法案，把隐私权保护扩展到非美国公民，确保收集有关学生的数据仅用于提升教育成果，将专业技能扩展到防止对受保护阶层的歧视性影响。美国大数据发展路线如图 1—2 所示。

图 1—2　美国大数据发展路线图

（三）模式总结

从时间节点来看，美国每隔一段时间就有一个比较大的计划或举措，推动大数据的发展与应用。从政策计划、应用项目、科研教育、经济产业等维度来看，美国的大数据应用已全面展开。因此，可以说，美国的大数据是系统筹划、全面推进的模式，是大数据的领跑者。

二、欧洲各国大数据项目与政策

（一）欧盟

2010 年，欧盟委员会就发起了欧洲数字化议程，致力于利用数字技术刺激欧洲经济增长，帮助公众和企业最大化利用数字技术。欧盟委员会建立的开放数据平台（ODP）已经向公众开放，致力于推动开放、透明的政府，促进创新。

2014 年开始，欧盟委员会正式启动全球最大的资助项目"Horizon 2020"，将通过高达约 800 亿欧元的资金投入来增强欧洲的竞争力。此项目由欧盟和 28 个欧盟成员国提供资金支持，将科学研究和市场需求相结合作为一个显著的目标，为科技与竞争力之间构建起一座桥梁。此项目 3 个最高优先级的是卓越科技、产业领导、社会挑战。所涉及的 8 个最重要的基础科学技术中就有大数据一项。

（二）法国

作为欧盟支柱国家之一的法国在数学领域具有非常好的传统和优势，这使得法国在大数据研究方面展现出强大的潜能。法国是世界工业大国和强国，近年来，法国政府越来越注重大数据的发展，把经济复兴的长远规划瞄准重振工业领域，提出了包含 34 个项目的"新工业法国"计划，提升法国在工业领域的国际竞争力。政府于 2013 年 2 月 28 日发布了《数字化路线图》，这是法国大数据国家战略的重要一步，其主要内容包括：通过数字化为年轻人创造机会、通过数字化加强企业竞争力、在社会与经济的数字化建设中推广法国价值观，提升国际影响力，重新取得世界领袖地位。

大数据技术可以降低城市管理成本和提升城市居民生活质量。包括法国电信（Orange）、施耐德（Schneider）和达索（Dassault）等诸多法国知名企业都在旗下设立了专门从事智慧城市设计和研发的工作室或实验室，在政府引导下积极投身智慧城市建设。作为法国第二大电信运营商的SFR为了把IT和电信基础架构从消费中心（Cost Center）转变为利润中心（Profit Center），率先推出地理数据营销，通过分析手机用户的地理位置信息来获取某些地域内的用户手机使用频率，以及人口流动等信息，这些数据对安排旅游相关资源起到非常重要的作用，比如，旅游公司可以通过了解中国游客的数量，调配相应比例的中文导游，安排中餐馆和特色景点服务等。

（三）英国

在美国下的一盘大数据大棋中，英国作为其"五眼"之一（配合美国进行全球监控的主要四个国家包括英国、加拿大、澳大利亚和新西兰，这五个国家聚在一起秘密打造了一个"五眼"情报联盟）也在积极作为，无论是政府、研究机构，还是企业，都已经开始行动，抢占数据革命先机。

英国将大数据列为战略性技术，给予高度关注。英国政府紧随美国之后，推出一系列支持大数据发展的举措。首先是给予研发资金支持。2013年1月，英国政府向航天、医药等8类高新技术领域注资6亿英镑研发费用，其中大数据技术获得1.89亿英镑的资金支持，是获得资金最多的领域。其次是促进政府和公共领域的大数据应用。据测算，通过合理、高效使用大数据技术，英国政府每年可节省约330亿英镑，相当于英国每人每年节省约500英镑。为了在医疗领域更好地应用大数据，英国政府和李嘉诚基金会联合投资设立全球首个综合运用大数据技术的医药卫生科研机构，将通过高通量生物数据，与业界共同界定药物标靶，处理目前在新药开发过程中关键的瓶颈，之后还将汇集遗传学、流行病学、临床、化学和计算机科学等领域的顶尖人才，集中分析庞大的医疗数据。

（四）德国

不同于美国的铁杆英国，作为欧盟另一支柱的德国也和法国一样，在尝试走一条属于自己的大数据发展之路。2013年10月，德国提出建立

"零监控"网络——德国国内通信网。2014年，德国政府大胆提议建设欧盟互联网，以对抗美国主导的万维网。2013年6月17日，德国《明镜周刊》报道，德国联邦情报局将在未来5年内投入1亿欧元加强对互联网的监控。德国政府已批准首笔500万欧元用于名为"技术成长计划"的项目。而德国工业4.0的提出与实施更是为大数据的发展注入了无限的活力与资源。

三、其他典型国家的大数据发展

（一）日本：走尖端IT路线

日本政府在大数据发展计划方面表现得相当积极，通过发布《活力ICT日本》，创建最尖端IT国家宣言。日本政府提出："提升日本竞争力，大数据应用不可或缺。"2012年7月，日本总务省ICT基本战略委员会发布了《面向2020年的ICT综合战略》，提出"活跃在ICT领域的日本"的目标。2013年6月，安倍内阁正式公布了新IT战略——"创建最尖端IT国家宣言"。新ICT战略将重点关注大数据应用所需的社会化媒体等智能技术开发，以及传统产业IT创新、新医疗技术开发、缓解交通拥堵等公共领域应用等，设立"云计算"特区，建设日本最大规模数据库，并将重点关注"大数据应用"，包括大数据防灾等。日本基于原有的尖端IT水平，创建最尖端IT国家，以大数据应用推动经济发展与社会治理，提升日本国家竞争力。

（二）韩国：重视基础、首都先行

韩国提出建设一个大数据中心，帮助科技行业赶上世界顶尖科技公司，任何人均可通过该中心对大数据进行提炼和分析。首尔市政府在"智慧首尔2015"计划中，提出"利用大数据解决市民小烦恼"的口号，目标是到2015年成为世界上最方便使用智能技术的城市，建立与市民沟通的智能行政服务，建成适应未来生活的基础设施和成为有创造力的智慧经济都市。韩国政府宣布将建设一个开放大数据中心，该中心面向中小型企业、风险企业、大学和普通公民，他们都可以通过该中心对大数据进行提炼和分析，利用大数据技术解决业务或者研究方面的问题。

（三）印度：以IT外包转型为突破口

印度提出到2020年跻身全球五大科技强国的美好蓝图，制定国家数据共享和开放政策，建设一站式政府数据门户网站data. gov. in，建设人类最大的生物识别数据库，引导与孵化一批大数据公司（包括大数据技术提

供商与数据分析公司）。印度在大数据领域的成败将取决于其数量庞大的IT 工程师，以及 IT 行业在过去 15 年作为世界最大外包目的地所积累的丰富经验。印度的人才储备将拥有广阔的市场，过去几年随着大数据时代的到来，全球范围内的数据分析师供不应求。此外，印度企业相信，他们在服务行业的专长将有助于其获得竞争优势。

（四）新加坡：视大数据为新的自然资源

新加坡政府重视大数据发展的五大关键要素：基础设施、产业链、人才、技术和立法。这五个要素是普通企业所做不到的，而新加坡政府正好填补了企业的短板。新加坡政府还承担了数据提供者角色，主动披露政府掌握的数据。新加坡还鼓励企业设立数据分析中心。在数据挖掘方面，新加坡鼓励大学设立数据挖掘和分析平台。2012 年，新加坡管理大学（SMU）推出了"Livelabs"创新平台，旨在增强新加坡在消费者和社会行为领域的数据分析能力。

（五）澳大利亚：原则先行、谨慎发展

澳大利亚公共服务大数据政策体现在大数据分析的运用、提高效率、与其他政策和技术协同以及为公共服务领域带来变革等方面。澳大利亚政府研究制定并发布六条大数据原则：数据属于国有资产，从设计着手保护隐私，数据完整性与程序透明度，技巧、资源共享，与业界和学界合作，强化开放数据。澳大利亚政府信息管理办公室（AGIMO）曾发布《公共服务大数据战略》。澳大利亚联邦政府首席信息官格伦·阿彻（Glenn Archer）表示，大数据政策目前受到来自政府、产业、学术和社会各界的普遍关注。为响应各界的关注，澳大利亚出台了针对公共服务的"大数据政策"。Data. gov. au 是政府信息目录的开放数据平台。另外，澳大利亚还发布了《数据中心结构最佳实践指南》草案。

四、大数据各国行动的共性总结

从这些国家的发展战略来看，大数据作为一种推动经济发展的资源已经得到了足够的重视，很多国家都已积极行动起来。大数据的发展涉及政策计划、应用项目、科研教育、经济产业等多个维度，需要系统筹划、全面推进。

从政府的角度来看，大数据发展主要涉及以下几个方面：一是制定相应的行动方案与计划，推动大数据的全面运用与发展。二是重视基础设施

建设，有计划地推进政府数据开放。三是通过大数据分析系统提升公共服务质量，增加服务种类，为公共服务提供更好的政策指导。四是重视大数据人才培养，具备一批专业人才是大数据成功发展的关键。五是重视大数据作为新兴产业的广阔发展前景，积极推动大数据产业发展。六是利用大数据带动传统产业升级，促进产业创新。

本章思考题

1. 根据所学知识，谈一下你认为的大数据的特点。
2. 大数据的分析理念实现了哪几项转变？
3. 大数据在政府管理中的应用价值体现在哪些方面？
4. 情景分析题

曾供职于美国中央情报局（CIA）的技术分析员爱德华·斯诺登（Edward Snowden）于 2013 年 6 月将美国国家安全局关于棱镜计划（PRISM）监听项目的秘密文档披露给了《卫报》和《华盛顿邮报》。根据报道，"棱镜"项目监视范围很广，2007—2012 年先后参加 PRISM 计划的公司有近十家，包括微软、雅虎、Google、Facebook、Paltalk、YouTube、Skype、美国在线以及苹果公司等。这些公司都是典型的大数据公司，通过不同的方式掌握着海量用户的信息。"棱镜"监控的信息主要有 10 类：电邮、即时消息、视频、照片、存储数据、语音聊天、文件传输、视频会议、登录时间和社交网络资料的细节。

与此同时，大数据研究计划主动公开。2012 年美国奥巴马政府发布了"大数据研究和发展倡议"，正式启动"大数据发展计划"。该计划将提升美国利用收集的庞大而复杂的数字资料提炼真知灼见的能力，推进和改善联邦政府部门的数据收集、组织和分析工具及技术，以提高从大量、复杂的数据集中获取知识和洞见的能力，强化美国国家安全，协助加速科学、工程领域创新步伐，转变学习和教育模式。

根据以上资料，回答下列问题。

（1）请从大数据的定义与特点角度解析棱镜计划中的数据是否为大数据。

（2）结合美国"大数据发展计划"以及本章所学的各国大数据行动，谈一下你认为从国家的层面发展大数据会产生哪些价值？

第二章
大数据的机遇与挑战

本 章 导 读

本章结合当前大数据的发展现状和困难挑战，讨论当前公众对待大数据时代的态度，分析企业运营的商业模式及其产生的经济效益，帮助广大专业技术人员积极应对。通过本章的学习，专业技术人员应拨开迷雾，区分对待大数据的公众分歧，形成自己的大数据知识判断。

第一节　大数据的公众分歧

大数据是当前的热点话题之一，关于大数据的发展前景众说纷纭，观点不一。有人认为大数据几乎无所不能，有人认为大数据也存在泡沫化。针对众说纷纭的大数据，专业技术人员要用积极的心态去面对大数据带来的机遇与挑战，同时也需要看清大数据的不足与缺陷，即理性看待大数据。

一、大数据无所不能

有一种说法，未来所有的行业都会被互联网改造，这种说法可能有点绝对，但确实说明了一个趋势，原来在传统 IT 企业的一些人士纷纷加入移动互联网、大数据、云计算的阵营，越来越多的传统企业也追赶着时髦，开始投身大数据的浪潮。虽然大多数人对大数据的了解仅仅停留在谷歌搜索引擎或者亚马逊的推荐系统这样的产品层面，但是大数据不只局限于此，它所发挥的作用要比人们知晓的大得多。

大数据是随着互联网的飞速发展而产生的，大数据的应用领域非常广泛，其分析、挖掘和应用的价值毋庸置疑，而在互联网金融、医疗等领域，对大数据的讨论也比较热烈，对大数据的价值认知也不尽相同。在一切都被"数据化"的趋势下，大数据已经渗透到搜索引擎（如谷歌、百度）、电子商务（亚马逊、阿里巴巴）等互联网企业，也渗透到了金融保险、医疗卫生等数据密集行业，并将对传统行业产生巨大冲击。总之，大数据的影响将无所不在，大数据已经成为与石油比肩的新型资源，如同工业时代的电力一样，成为信息时代一切行业的先决条件。人类文明发展到今天，大数据、移动计算和云计算使得人们千百年来对于获取信息和提炼信息的能力有了空前的提高。大数据时代所蕴藏的包括商机在内的各种机会远远超出了人们的想象，目前任何一个人都很难推测大数据到底会给社会带来怎样的变革，这种变革在何时发生，因为，现在所发生的一切，仅仅是一个开始。

（一）互联网金融打破了传统观念和行为

互联网金融是一种新的业态形式，更是一种新的理念，这一理念强调新的思维方式，而不仅仅是技术。互联网的处理模式从需求端出现，把大众的需求通过大数据分析自动转化为互联网产品。互联网产品成本低、渗透率高，也让金融进入到了普通人的日常生活，支付宝、余额宝、京东白条、微信红包等一系列互联网金融产品或服务等已经在社会上产生了巨大的影响。例如，中国人有存钱的习惯，通常会将日常花费所需以外的大部分钱存到银行，把日常要花费的钱留在身边，以备不时之需，但随着互联网产品的推出，很多人把自己的生活零用钱也进行了理财，在互联网金融里，一两天的零用钱也可以理财，这在传统的金融行业是无法做到的。可以这么说，没有大数据，就没有互联网金融；没有大数据分析与挖掘，互联网金融难以为继，更妄谈发展。正是因为有了大数据的支撑，金融机构才可以比较全面地了解大众消费行为、历史信用情况等，才能够根据这些信息把金融风险控制在可接受范围之内，在此基础上，不断推出社会和个人喜闻乐见的金融产品，在不知不觉中改变着业界的传统观念和人们的金融习惯。

（二）大数据医疗正在走近平民百姓

大数据在医疗方面的应用，已经产生了非常好的社会效益和经济效益。据报道，医疗大数据的分析会为美国产生 3 000 亿美元的价值，减少 8% 的美国国家医疗保健的支出。大数据医疗具体可应用在临床诊断、远程监控、药品研发、疾病防控等方面。在临床诊断方面，通过收集临床诊疗的前期和结果数据，医生可以更好地判断病人病情，尤其是对于临床中遇到的疑难杂症，有时即便专家也缺乏经验，做出正确的诊断和治疗非常困难，而临床决策支持系统可以通过海量文献的学习和不断的错误修正，给出最适宜的诊断和最佳的治疗方案。例如，在美国有关大都市儿科重症病房的研究中，临床决策支持系统就避免了 40% 的药品不良反应事件。世界各地的很多医疗机构（如英国的国家卫生保健优化研究所）已经开始了比较效果研究项目并取得了初步成功，它们通过对大型数据集（例如基因组数据）的分析，实现了个性化医疗和调整药物剂量。在医疗远程监护方面，利用大数据技术可实现计算机远程监护，对慢性病进行管理，减少病人住院时间、减少急诊量，提高家庭护理比例和门诊医生预约量。在药品研发和推广使用方面，通过分析临床试验数据和病人记录，可以评价新药的安全性、有效性及潜在的副作用，甚至可以发现药品的更多疗效和适应证，研究表明，一般新药从开始研发到推向市场的时间大约为 13 年，使用大数据预测评价模型则至少可以提早 3 ~ 5 年。疾病模式和趋势的大数据分析可帮助相关企业做出战略性研发及投资决策。卫生主管部门可通过监控数据库，实时对地区发病及诊治情况进行统计分析，快速检测传染病、院内感染等情况，并进行快速响应。这些都说明，把大数据应用于医疗，其前景非常光明。

（三）数据资产型企业前景光明

大数据带来了很多新生事物，其中数据资产型企业也是一种新的商业模式，具有广阔的发展前景。数据资产型企业是指以构建并流通数据为主业，把数据作为核心资产的新兴企业。目前社交、移动、互联网数据呈指数级上升，使得数据的采集、存储和分析处理更加便捷，例如，移动计算可以利用数据访问设备捕获用户所处位置之类的传感器交互数据。数据每天都在大量产生，通过收集、存储并进行合理的深度分析与挖掘，把数据这一"自然资源"转化为有形资产，对外提供数据或数据分析服务，发挥它们的商业价值，会为企业带来难得的机会与市场。消费者与数据间的交互方式已经发生了巨大的变化，企业需要适应这个改变，只使用企业自身拥有的数据可能很不全面，无法真实地反映出客户需求与市场机会。了解客户的真实与实时需求需要分析多个方面、多个维度的数据，发现与开拓新的市场需要对多种来源的数据进行相关分析与多维分析，另外，人才的发现与引进、企业运营效率的提高等也都需要多方面的数据分析，但是有些企业由于技术、人才或资金等因素的限制，仅依靠企业自身的能力，不足以完成这些分析任务，也难以构建起规模庞大、覆盖全面的大数据集合，这时就希望有公司能提供所需数据及相应的数据分析结果，而这样的工作恰恰是数据资产型企业所擅长的，所以数据资产型企业将会有不错的市场前景。能够充分利用数据的企业将占据先机，能够以数据为核心资产所构建的企业服务面会很广泛。

在大数据时代将有越来越多的企业有数据需求，这些需求将支撑着数据资产型企业的良好运转。腾讯、360、百度等互联网公司提供非常便宜甚至免费的服务，有些产品线并不盈利，但通过这些服务可以获取广大网络用户的数据，而这些数据将成为非常有价值的资产，依靠这些数据资产可以带来更多的利润与价值。电信运营商最有可能成为典型的数据资产运营者，它们掌握丰富的用户身份数据、语音数据、视频数据、流量数据和位置数据，数据的海量性、多元性和实时性使其具有经营大数据的先天优势，目前主要的电信运营商都已在积极探索开发其内部大数据资源。在这个大数据时代，得数据者得天下。

二、"冷眼"看大数据

现在大数据是一个非常热门的话题，社会各界都非常关注，但也有专家指出，当下的大数据泛在化有过热、炒作之嫌，认为炒作的人有些是为了卖产品，有些是为了卖理念，有些纯粹是为了赚吆喝。大数据在发展的过程中，也不可避免地会出现各种问题，例如，大数据概念是否存在泡沫，大数据应用是否存在很高的成本及在应用大数据的过程中个人隐私该如何保护等，都是迫切需要回答的问题。

（一）大数据概念存在泡沫

大数据、云计算、智慧城市……近年，一堆和数据有关的新词汇被频繁提及，大数据逐渐渗透到大众生活里。无论是大企业还是小企业，无论是政府机关还是事业单位，大家都在谈论大数据，都在宣称大数据，本来是数据挖掘，也号称大数据，只是作了一些统计，也称大数据。甚至有媒体报道"两会"也称大数据，两会的代表也就几千人，为此有人提出疑问，这样的数据究竟是不是大数据？从这个角度看，大数据确实存在不少被神化的地方，大数据这个概念有被泛化的现象，也存在着一定的泡沫。有人认为大数据并不像一个学术概念，而更像是一个口号，一种公共宣传的需要。

尽管大数据带来了很多新的机遇与挑战，到目前为止，并非所有的企业都具备很强的数据分析与运用能力，很多企业宣称自己的大数据能力很强，但真正拥有大数据，并具备大数据分析挖掘能力的企业还很少，有些企业的主业是做物流的，有的是做市场调查的，而现在都强调自己是做大数据的，其实其数据分析能力并未明显提升，过去是什么样，现在还是什么样。当然也不排除其中有不错的企业，自始至终注重数据的积累、分析挖掘，并充分利用数据的价值。另外，网络用户被推送的"精准广告"并非都符合其需求，相当一部分广告都被用户当作垃圾信息处理了。这些都反映出大数据的概念在一定程度上被滥用了，大数据的效果也存在着被夸大的现象。

（二）大数据具有非常高的成本

大数据的开发与利用，需要有大量的资金支持，数据的收集与存储、物理硬件、软件平台、数据分析与挖掘及大数据人才的培养等，都需要付出很高的成本。

以分布式系统基础架构 Hadoop 的使用为例，假设在开始时使用的 Hadoop 集群有 10 个节点，搭建和使用成本不会太高，但如果数据增长速度很快，当集群达到 100 个以上的节点，那么将面临诸多其他费用的开支，包括新增硬件费用、增加的员工费用、资源管理环境（如机房及其配套设施）费用、需要增加的处理软件费用等，举例说，数据类型增加了，采集的数据可能包括中文文本、网络结构、位置轨迹等，这就需要建立新的分析模型。即使是硬件越来越便宜，但其他开支却都属于逐年涨价的（如每名员工的工资每年要有一定的增长），且占 Hadoop 的使用成本的绝大部分比例。由此可见，大数据虽然带来了很多的新机会，但要在短时间内达到较高的投资回报率，对使用单位来说，确实是一个比较大的挑战。

（三）个人隐私泄露与信息安全的担忧

关于大数据的发展问题，大家存在着一定的分歧，除了对数据挖掘的价值认识不尽相同外，个人隐私保护与信息安全也是争论的焦点。信息安全问题在某种程度上已经成为产业发展的障碍。这个问题不解决，大数据的发展必然受限。在大数据时代，隐私信息将"无处遁形"，例如，用户被手机上很多新潮的 APP 吸引，但却不知道自己的通讯、短信、位置信息等被其强行采集了。

大数据环境下的隐私担忧，主要还表现在使用互联网特别是移动互联网后，自己的身份、交易、关系、活动等信息被识别与暴露。在美国，只要提供邮编、性别和出生年月，87% 的人就可以被独立识别出来。目前，企业可以通过一个人的购买行为，识别出一个独一无二的虚拟人，可以知道这个虚拟人的很多喜好，但这个人叫什么名字、做什么的，一般情况下，企业还是不知道的。普通的企业也没有动力去知道。但如果有好事者，把电商获取的购物数据、物流的送货地址信息及其他数据相对接和比对，就能识别出某个具体的人了。现在智能手机安装的软件，不少都要求获取大量权限，有的甚至要求有监听通话和短信的权限，这些软件对个人资料的大范围收集引起了公众的广泛关注。怎样在保护个人隐私的前提下进行大数据分析，成为大家关注的焦点。

加强大数据时代的隐私保护，已经成为社会各界的共识。目前，我国法律对隐私保护的界定是不够清晰、缺乏统一认识的。例如，网络用户在电商浏览商品的记录，是网络用户的，还是电商的，还是网络用户和电商共有的，现在并没有定论。法律如果管得太松，网络用户的隐私得不到保护；如果管得太严，企业的应用与创新又会受到限制，行业发展也会受限。这是一个两难问题。

三、理性看待大数据

大数据可以应用于很多行业，但并不是无处不在；大数据带来了新的挑战与机遇，但大数据并非无所不能。大数据并不是某一天突然出现的，而是人类社会与信息技术发展到一定程度的结果。数据本身并不是新鲜概念，从结绳记事时便有；数据分析的理论方法也并非全新——统计、概率、优化，甚至机器学习里的基本算法都已经有几十年的历史；人们利用数据的渴望也不新，千百年来不管是夜观天象的天文学家还是尝遍百草的医药学家都是数据收集和整理的先行者与实践者。之所以"大数据"突然产生这么大的影响，主要因为这是人类自数百万年前诞生之日起，第一次可以精确、系统、实时、全方位、永久地获取、记录、分析并保存海量的数据——关于人们的一切行为及周围的所有事物的数据，这种"万事万物皆数据"的现象是前所未有的。这一切得益于互联网特别是移动互联网（包括智能硬件）和云计算技术的发展，前者解决了数据采集的问题，后者解决了数据处理分析和存储的问题。大数据时代已经到来，大数据带来了太多的挑战与机会，应当积极应对，认真把握。

大数据可以分析与挖掘出之前人们不知道或者没有注意到的模式，可以从海量数据中总结出规律，预测发展趋势，虽然也有不精准的时候，但并不能因此而否定大数据挖掘的价值。举例来看，谷歌用用户检索词来预测流感分布与趋势，开始比较准，后来随着越来越多的人用于检索测试谷歌的流感预测是否准确，很多检索词失去了原本的动机和意图，就不再像最初那样准了。百度票房预测正式上线之后出现"预测失误"，这些都是非常正常的现象。大数据不是水晶球，大数据预测无法确定某件事情必然会发生，它更多的是给出一个概率，人们通过大数据分析不断地去接近这个概率。预测的前提就是要承认不确定性的存在。在不同的领域不确定性也大有不同。票房、股市恰恰就是更容易受人为影响而存在很大不确定性的领域，预测的难度会高于天气、旅游、交通、物价等领域。因为一部影片预测失利便质疑大数据预测本身，或者票房预测本身，是不合理的。百度此前在世界杯期间、在黄金周期间相对漂亮的预测结果，已经证明了大数据预测的价值，只不过面对预测票房这一全新的领域需要更耐心地优化而已。大数据是个新概念，资源建设需要不断累积，分析挖掘需要不断改善，应用推广也需要逐步展开。

从大数据案例宣传到实际运用，从数据收集到分析挖掘，大数据本身就是一个复杂的过程。大数据的数据量并不是一个最重要的问题，重要的是要有高质量的数据，也就是有实效的数据。一套具有商业敏感的数据决策框架，可以使企业"看"得更准，并能够对近期的所作所为进行判断与评估，让用数据成为构筑企业生产力的重要部分。数据战略深入到企业的每个角落，使数据从生产、收集、使用到分享、反馈变得简单易用。大数据降低了决策成本，让人们在一定程度上绕开因果和理论，直奔应用环节。在这个风云变幻的大数据时代，只有让数据成为商业的利器，才能决胜千里。

第二节　大数据的商业模式

随着大数据技术的不断演进和应用的持续深化，以数据为核心的大数据产业生态正在加速形成。当前大数据产业还处于构建的初期，呈现规模较小、增速很快的特点，据维科班公司（Wikibon）的报告，2013年全球大数据市场总体规模为181亿美元，年度增幅达61%，预计到2017年还将维持30%的年增长速度。从实践情况来看，大数据产业生态已经形成了一些商业模式，主要包括大数据解决方案模式、大数据处理服务模式和大数据资源提供模式三种类型。

一、大数据解决方案模式

大数据解决方案模式是指面向用户提供大数据一站式部署方案，包括数据中心和服务器等硬件、数据存储和数据库等基础软件、大数据分析应用软件及技术运维支持等多方面内容。其中，大数据基础软件和应用软件是大数据解决方案中的重点内容。当前，企业提供的大数据解决方案大多基于 Hadoop 开源项目，例如，IBM 公司基于 Hadoop 开发的大数据分析产品 BigInsights、甲骨文公司融合了 Hadoop 开源技术的大数据一体机、Cloudera 公司推出的 Hadoop 商业版等。

以大数据解决方案模式为主的企业，主要包括传统 IT 厂商和新兴的大数据创业公司。传统 IT 厂商主要有 IBM、HP 等公司及甲骨文、天睿公司（Teradata）等数据分析软件商。这些公司大多以原有 IT 解决方案为基础，融合 Hadoop，形成融合了结构化和非结构化两条体系的"双栈"方案。此外，有些企业还通过收购一些大数据行业的产品来完善自己的大数据产品线，提升大数据解决方案服务能力。在国内，浪潮、华为、联想、曙光等一批 IT 厂商也都纷纷推出大数据解决方案。国内大数据解决方案提供商的实力也在不断增强，与服务对象的业务结合能力较好，如浪潮公司为省级公安系统提供的"警务千度"等，就是从硬件、软件到业务应用的全面解决方案。

除了传统 IT 厂商外，国际上也诞生了一批专门提供非结构化数据处理方案的新兴创业公司，如 Cloudera、Hortonworks、MapR 等公司，它们主要基于 Hadoop 开源项目，开发 Hadoop 商业版本和基于 Hadoop 的大数据分析工具，单独或者与传统 IT 厂商合作提供企业级大数据解决方案。这些新兴大数据企业一般会受到资本市场的青睐，发展很快。

二、大数据处理服务模式

大数据处理服务模式为企业和个人用户提供大数据海量数据分析能力

和大数据价值挖掘服务。大数据处理服务提供商的服务模式可以分为以下四类。

第一类是线上云平台服务模式。此类服务商主要是互联网企业、大数据分析软件商和新创企业等，通过软件即服务（Software as a Service，SaaS）或平台即服务（Platform as a Service，PaaS）云服务形式为用户提供服务，用户把自己的数据上传到服务商的平台上，由平台进行分析处理，用户可以在线查看相应的结果。典型的代表如谷歌提供的大数据分析工具 BigQuery、亚马逊提供的云数据仓库服务 RedShift、微软的 Azure HDInsight、1010data 提供的商业智能服务等。国内一些云服务商也逐步开始提供大数据相关云服务，如阿里云的开放数据处理服务（ODPS）、百度的大数据引擎、腾讯的数据云等。

第二类是既提供数据又提供分析服务的模式。此类服务商主要是拥有海量用户数据的大型互联网企业，主要以 SaaS 形式为用户提供大数据服务，服务背后以自有大数据资源为支撑，用户只提需求，不需要提供数据就可以得到结果。典型的代表如谷歌、Facebook 的自助式广告下单服务系统、推特（Twitter）的基于实时搜索数据的产品满意度分析等。国内百度推出的大数据营销服务"司南"也属于此类。

第三类是单纯提供离线服务的模式，也称第三方数据处理模式。采用该模式的企业主要为用户提供专业、定制化的大数据咨询服务和技术支持，根据用户提供的数据与需求，进行分析与处理，然后把结果反馈给用户，其技术平台与软件工具并不对用户开放。采用这种模式的企业主要是大数据咨询公司和软件商等，例如专注于大数据分析的奥浦诺管理咨询公司（Opera Solutions）、数据分析服务提供商美优管理顾问公司（Mu Sigma），国内的缔元信、37degree、集奥数据等也属于这种类型。

第四类是既提供数据又提供离线分析服务的提供商。此类服务商主要集中在信息化水平较高、数据较为丰富的传统行业。例如日本日立集团于2013 年 6 月初成立的日立创新分析全球中心，其广泛收集汽车行驶记录、零售业购买动向、患者医疗数据、矿山维护数据和资源价格动向等庞大数据信息，并基于收集的海量信息开展大数据分析业务。又如美国征信机构 Equifax 基于全球 8 000 亿条企业和消费者行为数据，向用户提供 70 余项面向金融的大数据分析离线服务。

三、大数据资源提供模式

既然数据成为重要的资源和生产要素，必然会产生供应与流通需求，因此就产生了数据资源提供商，形成了大数据资源提供模式。数据的供应与流通是大数据产业的特有环节，也是大数据资源化的必然产物。大数据资源提供包括数据提供模式和数据流通平台两种类型。

数据提供模式是指数据拥有者（企业、公共机构或者个人）直接以免费或有偿的方式为其他有需求的企业和用户提供原始数据或者处理过的数据。例如美国电信运营商 Verizon 推出的大数据应用精准营销洞察（Precision Market Insights），向第三方企业和机构出售其匿名化和整合处理后的用户数据。国内阿里巴巴公司推出的淘宝量子恒道、数据魔方和阿里数据超市等的商业模式都是数据提供模式。

数据流通平台是多家数据拥有者和数据需求方进行数据交换流通的场所。按平台服务目的不同，又可分为政府数据开放平台和数据交易市场。

政府数据开放平台主要提供政府和公共机构的非涉密数据开放服务，属于公益性质。目前已有不少国家制定了开放政府数据的规划，推出公共数据库开放网站，例如美国数据开放网站 Data. gov 目前已有超过37 万个数据集、1 209 个数据工具、309 个网页应用和137 个移动应用，数据源来自 171 个机构。国内地方政府数据开放平台也开始出现，如北京市政府和上海市政府的信息资源平台等数据开放平台正在建设过程中。

数据交易市场是大数据产业发展到一定程度的产物，商业化的数据交易活动催生了多方参与的第三方数据交易市场，它本身不会生产大数据，也不去研发或者分析大数据，而是为数据交易提供帮助。国际上目前比较有影响力的数据交易市场有微软的 Azure Data Marketplace、被甲骨文收购的 BlueKai、DataMarket、Factual、Infochimps、DataSift 等，它们主要提供地理空间、营销数据和社交数据的交易服务。国内的数据堂公司也从数据提供商向数据交易平台转变。大数据交易市场发展刚刚起步，在市场机制、交易规则、定价机制、转售控制和隐私保护等方面还有很多工作要做。中国数字信息与安全产业联盟、中关村大数据产业联盟、中关村大数据交易产业联盟等组织的成立，将推动国内大数据及大数据交易的发展。

第三节　大数据的企业应对

　　全球的大数据应用处于发展初期，中国大数据应用才刚刚起步。经过多年的发展，从最初的少量案例传播到广泛的数据应用，大数据的价值已得到充分认可，大数据的应用也随之推广开来。目前，大数据应用在各行业的发展呈现"阶梯式"格局：互联网电商行业是大数据应用的领跑者，金融、零售、电信、医疗卫生等数据密集型行业正在积极尝试，传统行业还未起步。针对大数据这一新生事物，不同的行业有着不同的理解，也有着不同的应对策略。

一、互联网电商行业发展

　　移动互联网、大数据已经不单单是一个 IT 概念了，它是一个改变人类生活方式的产业，而且在发展的过程中诞生了一个新的名词 O2O（Online to Offline，线上到线下）。O2O 是一个被誉为具有万亿市场规模的行业。O2O 企业本质上是传统行业的互联网化或者说用互联网的方法改造传统行业，本质上解决的问题和传统行业没有区别，还是与人们日常生活息息相关的衣食住行等问题。例如通过电商买衣服和生活用品，通过微信满足朋友之间通信的需求，通过支付宝缴水电煤气费，通过余额宝理财等，需求还是原来的需求，但满足需求的方式发生了变化。另外，在传统行业里，一旦企业确立了领先地位，那么被同行业的其他企业颠覆的可能性是比较小的；而互联网化之后的这些行业中，从海量用户的行为中挖掘出的领域知识的时效性是非常明显的，一旦一家企业不能够与时俱进，将很快被别人超越。企业需要不断地挖掘新的利润增长点，这个时候海量用户数据的价值就会体现出来。过去传统行业的领域知识是靠在行业内不断摸爬滚打积累起来的，而互联网化之后的行业领域知识将是从海量的用户行为数据中分析和挖掘出来的。把这些知识放在在线教育平台就会吸引很多用户，因为未来是个终身学习的时代，在线教育会有很好的前景。

　　互联网电商行业包括平台类企业与垂直行业。平台类企业如淘宝、京东、腾讯等，它们能提供的商品或者服务的种类非常多，而且不同商品或者服务的特点可能差别很大，同时对用户数据的积累是多方面的；垂直行业就是类似携程、聚美优品等，所提供的商品或者服务是某一个专门领域的，只有当用户在相应的专门领域有所需求或者感兴趣的时候才会访问它们，它们一般情况下也只能得到用户在这个领域的一些数据。

在互联网电商领域，不同的企业利用大数据的方法上也是不一样的。阿里巴巴的目标是提供在线交易、云平台等基础设施，成为像自来水公司、煤气公司、电力公司那样人们生活中必不可少的一部分，也就是所谓的"刚需中的刚需"，所以阿里巴巴整合了多个部门的广告团队成立了阿里妈妈。京东在这方面也不甘示弱，一直运营着独立 DSP（Demand Side Platform，需求方平台）服务商 MediaV。腾讯的广点通也是这方面的典型代表。阿里和京东解决了用户购买商品的需求，腾讯解决了用户通信和社交的需求，而且提供的服务都是免费的，这样用户把自己的一些数据在不知不觉中就送给了这些平台级企业。而且随着互联网金融的兴起，一旦这些平台厂商中与用户相关的数据积累到一定程度，那么它们就可以推销一些金融产品（余额宝就是一个典型的例子），这些平台可以像银行一样吸纳用户的闲散资金用于投资，而用户也可从中获利，这就成就了基于大数据的互联网金融。

二、传统数据密集型行业

大数据应用起源于互联网，正在向以数据生产、流通和利用为核心的各个产业渗透。目前金融、零售、电信、公共管理、医疗卫生等数据密集型行业正在积极地探索和布局大数据应用，主要体现在三个方面。

（一）打通多源跨域数据

在数据源方面，整合行业和机构内部的各种数据源，并积极借助互联网等外部数据，实现内外数据的多源融合。企业 ERP（Enterprise Resource Planning，企业资源规划）、CRM（Customer Relationship Management，客户关系管理）等系统里存有大量的高质量数据。例如，电信、金融等企业拥有高质量的用户金融数据、交易数据、关系链数据等，这些数据所表达出的意思是真实可靠的。一些新兴的大型百货商场利用大数据平台整合 POS（Point Of Sale）机、企业 CRM 系统、免费无线网络、客流监控设备等数据。除了自身拥有的数据外，还需要整合一些互联网数据，如微博数据、社交数据、历史交易数据，新闻、股票论坛、公司公告、行业研究报告、行情数据等。另外，从数据管理的角度看，大数据时代的城市综合管理部门也可看成数据密集型行业，可以整合来自经济、统计、民政、教育、卫生、人力资源社会保障等政府部门内部数据和来自物联网、移动互联网等网络数据。

（二）提高分析挖掘能力

在分析挖掘方面，基于整合的多源数据建立各种数据挖掘模型，包括用户聚类分析、消费模式挖掘、行业标杆对比、预警分析、客户路径分析等，以用户和业务为核心，对用户的相关维度进行数据挖掘，构建用户和业务的属性和特征库，服务于各种业务需求，是当前数据密集型行业十分关注的内容。大数据的思想就是把现实世界中的现象用数学的形式表示出来，分析和挖掘这些现象之间的关系，并且能够定位到哪些群体具备哪些特征，哪些特征会影响企业的盈利，等等。在大数据的范畴内应该把用户还原成一个人，不能割裂地看待其某些行为，而要把这些行为与其社会学属性、生活背景、活动时间、地点、气候因素和应用场景等信息联系起来，充分挖掘大数据的价值，变数据为资产。

（三）实现科学决策与运营

在价值应用方面，零售企业可以通过大数据分析挖掘支撑商品位置摆放、打折信息投放、移动端营销、评估用户的信用等级；可以分析和挖掘各种事件和因素对股市走向的影响。监管机构可以将社交数据、网络新闻数据、网页数据等与监管机构的数据库对接，通过比对结果进行风险预警，提醒监管机构及时采取行动。通过这些应用，为企业的科学决策与运营提供数据支撑与保障。

三、企业应对大数据策略

企业如何应对大数据涉及很多方面，包括数据来源、技术路线、管理运营、人才建设等多个方面。

从数据来源方面来讲，数据分为企业内部数据与外部数据。内部数据一般是高质量的、与业务逻辑紧密的；外部数据又包括可免费获取的（如互联网数据）及购买或合作的数据。另外，从数据获取方式上，除了原有数据导入及互联网采集外，无线数据也很重要，已经影响到企业的底层数据，是大数据的未来。无线数据与互联网数据有很大的不同，主要来自于 APP、WAP（无线应用协议，Wireless Application Protocol）和 HTML5（第五代超文本标记语言，HyperText Markup Language 5）这三个渠道，每个渠道的数据源和特性都存在很大的不同。另外，收集数据时还要注意数据的稳定性、准确度、时效性等。通过收集各种数据，构建起内部与外部融合、线上与线上融合、历史信息与实时数据融合的多源、异构、跨域的大数据。

在技术路线方面，大数据的发展强调以用户和业务为核心，进行合理的技术选型。企业使用大数据的目的是解决问题，而这些问题都是跟自己的业务逻辑密切相关的，在这个过程中大数据技术只是一个手段，是帮助解决业务问题的。所以说在大数据技术选型和架构的时候，一定要清楚自己的业务模式，根据业务模式选择相应的技术、工具与产品。然后用 AB 测试①验证效果。在大数据时代，AB 测试是非常重要的，很多现象是不需要理论证明的，AB 测试会告诉设计开发者该如何改进产品，哪些产品的哪些特征更受用户欢迎。

在管理运营方面，首先要让领导重视大数据。大数据是"一把手"工程，需要企业的最高层直接负责、下达命令。这是因为，一方面，大数据涉及多个部门的数据及利益，需要高层领导统筹考虑；另一方面，数据安全性是大多数人最担心的问题，需要高层领导定夺决策。此外，关于谁来主导大数据服务用户这个需求，不同的应用场景会有不同的答案。例如，一个推荐系统由产品经理来主导比较合适；对于一个数据化运营系统，那么从事运营或者市场相关的人员主导会比较合适。对于很多大公司来说，慢慢会发展出专门从事数据驱动业务的部门和人员，例如数据研究院、数据科学家。

在人才建设方面，配备一支既懂数据技术又懂经营业务的团队是大数据战略能否取得成功的关键。在大数据实施过程中会经常遇到这样一个问题：做业务的不太懂技术或者数据，做技术的又不太懂业务，既懂业务又懂技术的复合型人才太少了。大数据人才培养的重点在于培养数据中间层，用这个中间层连接研究数据和使用数据的两端。有数据的人不知数据如何利用；但是想用数据的人，又不知道数据从哪里来。这时就希望能有一个数据中间层的人员，在数据与应用之间架起桥梁。

除了内部团队外，重视用户的参与也很重要。用户的参与可以改善挖掘效果，提升用户体验。现在社会大家都很忙碌，像传统的那种通过呼叫中心给用户打电话推销的方式效果越来越差，因为用户很忙碌的时候是不希望被打扰的。这种情况下，异步通信的效果就会比较好，典型的应用就

---

① AB 测试，即用不同的方法布置某一工作，然后通过效果的对比分析，找到最高效的方法。通过 AB 测试方法，可以大幅提升转化效率。

是微信，微信可以很好地利用碎片时间，对于企业营销来说是非常好的通道。同样对于企业给用户进行各种促销或者实施运营策略的时机也比较重要，而且对不同兴趣偏好的用户，其浏览和购买时间最好也要区别对待。用户细分模型可以帮助企业针对不同的用户群体采用不同的调动用户参与的方式。通过用户的行为和对运营动作反馈的挖掘来提升用户服务与企业运营决策，是未来企业应对大数据的重要方式。

第四节 大数据的专业技术人员应对

一、大数据人才前景

美国招聘网站 Glassdoor 的报告称，数据科学家的平均年薪为118 709 美元（约合人民币 737 550 元），而程序员的平均年薪为 64 537 美元（约合人民币 400 974 元）。麦肯锡公司的一份研究预测称，到2018 年，在"具有深入分析能力的人才"方面，美国可能面临着 14 万人到 19 万人的缺口，而"可以利用大数据分析来做出有效决策的经理和分析师"缺口则会达到 150 万人。也有报道称，一个拥有博士学位的数据科学家的起薪通常是六位数，工作两年后，就可以轻松达到20 万~30 万美元的年薪。

为什么该领域会变得如此火爆呢？芝加哥猎头公司博奇工程的总经理琳达·博奇（Linda Burtch）认为，尽管像谷歌、亚马逊、网飞（Netflix）和 Uber 这样的高科技公司都有自己的数据科学团队，但那些非高科技公司，比如 Neiman Marcus、沃尔玛、Clorox 和 Gap，它们现在也需要使用这方面的人才，很多公司都在物色数据科学家。这些公司希望，数据科学专业人才可以从大数据中挖掘出新的信息与知识，通过这些新的信息知识开拓市场、吸引客户、加速研发、改善经营，从而帮助公司开源节流。

在数据分析领域有三类角色，即数据分析员、研究科学家和软件开发工程师。数据分析员主要是分析数据的，从数据中找到一些规则，并且为数据模型寻找不同场景的训练数据，整理并清洗数据。研究科学家主要是根据不同的业务需求来建立数据模型，抽取最有意义的向量，决定选取哪种方法。软件开发工程师主要是把研究科学家建立的数据模型

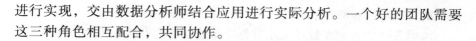

进行实现，交由数据分析师结合应用进行实际分析。一个好的团队需要这三种角色相互配合，共同协作。

二、大数据人才能力

大数据人才的角色划分有时并不是如此绝对，有时也将数据分析师或数据科学家统称为大数据人才。

（一）基本知识

大数据人才整体上需要具备三个方面的基本知识：数学与统计知识、计算机相关知识、在特定业务领域的知识。大数据人才首先需要具备较好的数学、统计知识，需要掌握使用 SPSS（Statistical Product and Service Solutions，统计产品与服务解决方案）、SAS（Statistics Analysis System，赛仕公司的统计分析系统）等主流统计分析软件的技能，面向统计分析的开源编程语言及其运行环境 R 语言也需要掌握。其次，大数据人才也应具备计算机科学相关的专业背景，掌握处理大数据所必需的 Hadoop、Mahout 等大规模并行处理技术与机器学习等相关知识。最后，要对所从事的行业或领域有一定的知识，如金融、医疗、物流等。领域知识有助于发现问题并合理解读数据结果，数学统计知识可以把现实问题抽象成数据模型，通过计算机相关知识进行实现。这三个方面的知识构成大数据人才的核心知识。

（二）基本能力

除了这三个方面的知识，大数据人才还需要具备以下五个方面的能力。

数据敏感能力：对数据敏感是大数据人才的特质之一，大数据人才善于发现数据规律并进行洞察，监测异常数据并能有效利用，习惯于用数据分析的方式来看待周围的世界。

多源数据构建能力：大数据人才善于搜寻各种来源的数据，整合不同结构的数据源，对杂乱的数据进行整理清洗，变成结构化的、有序的、可供分析的数据。

数据分析能力：数据分析是大数据人才的核心能力与看家本领。大数据人才应能运用各种工具对不同类型、不同结构的数据进行研究分析，发现业务逻辑，建立数据模型，进行各种统计分析、数据挖掘与复杂计算。

快速学习能力：在新的竞争环境中，新的问题不断出现，新的数据持续涌入，新的技术不断迭代，所以大数据人才需要快速掌握新的知识、新的技能，以适应新的需求。

沟通表达能力：大数据人才需要具备很强的报告撰写能力，可以把分析结果通过文字、图表、可视化等多种方式清晰地展现出来，能够清楚地论述分析结果及可能产生的影响，从而说服决策者信服并采纳其建议。

（三）技术工具

从技术工具的角度来讲，大数据人才需要掌握三代机器学习工具。首先是传统的机器学习和数据分析的工具，在小数据集上进行复杂的深度分析，包括 SAS、IBM 的 SPSS、怀卡托智能分析环境（Waikato Environment for Knavledge Analysis，Weka）和 R 语言。其次是第二代机器学习工具，是指对大数据进行粗浅分析的平台工具，包括 Mahout、Pentaho 和 Rapid-Miner。基于 Hadoop 之上进行的传统机器学习工具的规模化的尝试，包括 Revolution Analytics 的成果（RHadoop）和 Hadoop 上的 SAS，也可以归到第二代工具里面。第三代机器学习工具是指可以对大数据进行深度分析的平台工具，如 Spark、Twister、HaLoop、Hama 和 GraphLab。对数据统计分析软件与机器学习工具的掌握程度，直接反映出大数据人才的实际动手能力与分析效率。

第五节　大数据的发展趋势

一、大数据的新特点

当前大数据虽然还未广泛应用于各行各业，但已经表现出良好的发展势头。通过这几年的飞速发展，总体上呈现出以下几个方面的特点：

第一，从理念看，大数据理念的发展快于大数据的应用。对大数据的广泛讨论，使得大数据典型案例快速传播，大数据概念术语迅速推广，大数据的全样本、相关性、效率优先等分析理念也被业界所熟知并认可。人们普遍认识到，数据是有价值的，可以通过各种方法和技术，对数据进行分析和挖掘，从中获得对生产生活有利的信息和知识；任何数据都可能是有价值的，关键是看谁使用它、如何使用它。这一轮大数据浪潮，使得大数据理念迅速普及，但是很多数据尚没有找到合适的用途。随着大数据理念的不断渗透，很多公司已经把数据作为资产，对其数据进行规划、存储，或自行对其开发，或者积极寻找买家、合作者来对其进行开发。

第二，从应用看，大数据应用呈散发状，并没有全面展示。目前大数据应用较好的主要集中于互联网的市场营销领域，在这一领域应用了大数据的公司不仅包括大型的互联网公司，还有众多专业性的中小型互联网公司，线下企业也在与互联网公司合作，积极开发大数据的价值。尽管金融、电信、零售、制造、医疗、交通、物流、IT等行业对大数据应用表现出极大热情，但目前在媒体和各种论坛上所公开的大数据应用案例仍然非常零散，这表明大家虽然都很关注大数据，但推进实际的应用仍然存在一定的困难，需要一定的时间。

第三，从数据源看，大数据的应用还处于自给自足的"小农经济"时代，现有的应用仍然以机构内部数据为主，数据的开放和交易尚未形成市场的主流形态。以国内主要的电子商务交易平台为例，目前推出了很多大数据应用，但这些应用基本都是为内部服务的，由于法律和数据交易机制的不健全，这些交易平台在对外开放和交易数据上仍然持谨慎态度。以内部数据为主仍然是大数据应用的主要特征，各行业应用最多的仍然是企业内部的交易数据和日志数据。当然，大家逐步认识到多源数据的重要性，一些相关企业或机构通过企业间的战略合作获取更加广泛的数据，如京东与腾讯达成了战略伙伴协议，互相补齐数据，以提升客户服务质量和应对市场的竞争需要。

第四，从技术角度看，大数据仍以初级应用为主，多数应用仍然使用传统分析流程和工具，只是扩大了数据的来源、增加了数量。与传统数据分析相比，新的大数据应用虽然开始使用非结构化数据，但在实际应用过程中，这些非结构化数据只是被压缩、清洗和结构化后，放入传统的ETL（Extract，Transform，Load，抽取、转换与加载）和分析流程中去。另一些大数据应用通过采用云存储和云处理技术，提高了数据处理效率，从而增加了数据处理的规模，但这些应用也仍然采用原有的ETL和分析流程。基本上还是沿用数据收集、数据清洗、数据分析、解释与评估等传统的数据挖掘流程。在分析方法上，除了关联规则挖掘、聚类分析、画像分析、可视化等传统数据挖掘方法外，缺乏专门针对大数据的新方法，已成为大数据发展进程中急需解决的问题。

第五，从应用效果看，目前的大数据应用以延续改善现有业务和产品为主，突破性创新应用尚不多见。以最常见的互联网营销大数据应用为例，在大数据兴起之前，精准营销和个性化推荐一直是企业营销活动的追求方向，新兴数据源和大数据技术的兴起使得企业进一步强化其营销技能，精准营销能力进一步增强，这是对企业原有营销能力的改善。目前大家议论比较多的突破性创新，如网上小额贷款业务，完全改变了过去金融机构贷款的流程、信用评价和控制风险的方式，从而极大地降低了贷款的成本，扩大了贷款的范围。但目前这样的突破性创新还不够多。企业投资大数据的主要目的仍在于改善客户服务、优化流程、精准营销和降低成本等，基于大数据的新产品、新模式尚未成为创新的主流。

二、大数据的研发空间

大数据的应用前景光明，针对大数据的一些问题需要进一步解决。从研发的角度来看，大数据待发展的空间包括基础理论研究、关键技术突破及产品设计开发三个层面。

（一）基础理论研究

大数据的基础理论研究包括数据科学的基础理论、大数据的复杂性研究及科学研究的数据方法探索。数据科学的基础理论研究主要研究数据相似理论、数据测度论和计算理论，建立数据分类学基本方法，研究数据实验的基本方法，研究数据科学的学科体系，奠定数据科学的理论基础。大数据的复杂性研究主要研究数据集复杂性的建模理论、处理过程复杂性的约简方法、知识体系复杂性的表示理论等，建立大数据处理、分析的过程模型。科学研究的数据方法探索主要探索数据密集型科学研究的共性问题，开展学科知识交叉与融合研究，建立科学研究的数据方法，并在基础较好的学科中开展实践。大数据的基础理论研究要针对前瞻布局、技术引领的需求，整合研究力量，加强国内外学术和技术交流，研究、探讨并掌握数据科学的基础理论和基本方法，为数据技术开发、数据人才培养和数据产业发展提供理论支撑和指导。

（二）关键技术突破

在技术方面，要突破或改进原有的大数据组织和存储技术、大数据分析技术，为大数据获取、管理和分析提供技术保障。大数据的关键技术包括大数据获取技术、大数据存储技术、大数据分析技术和大数据安全技术。

大数据获取技术要着力研究分布式高速高可靠数据爬取或采集、高速数据全映像等大数据收集技术，研究高速数据解析、转换与装载等大数据整合技术，设计质量评估模型，开发数据质量技术。大数据存储技术要着力研发可靠的分布式文件系统、效能优化的存储技术、计算融入存储等大数据存储技术，以及分布式非关系型大数据管理与处理技术，研究大数据建模技术，改进大数据索引技术，提升大数据移动、备份、复制等技术。大数据分析技术要改进已有的数据挖掘和机器学习技术，开发数据网络挖掘、图挖掘、特异群组挖掘等新型数据挖掘技术，突破基于对象的数据连接、相似性连接等大数据融合技术，加强用户兴趣分析、网络行为分析、情感语义分析等面向领域的大数据挖掘技术。大数据安全技术要改进数据销毁、透明加解密、分布式访问控制、数据审计等技术，突破隐私保护和推理控制、数据真伪识别和取证、数据持有完整性验证等技术。

（三）产品设计研发

在突破关键技术的基础上，研制适合大数据应用的硬件装备和软件产品，包括大数据一体机、新型架构计算机、大数据获取工具、大数据管理产品、大数据分析软件等。研制集计算、存储、传输于一体的大数据硬件装备，实现大数据统一存储和索引管理、集群规模可动态扩展，做到 PB（Petabyte，拍字节）级的数据存储、百亿级的记录管理、秒级的查询响应。研制基于高效能大数据处理器和可重构互连、可变存储结构的新型架构计算机等具有自主知识产权的硬件装备。在这些硬件之上开发与之配套的系统软件，形成先进的大数据平台。开发数据采集软件，实现每秒百万次的精准数据收集、准实时动态整合和数据清洗。研发高速数据全映像软件，实现增量数据的秒级响应、解析和复制。开发面向领域优化的大数据管理系统，支持分布式数据存储。研发大数据环境下的低延迟的云备份软件、双活数据实时复制软件、数据隐私保护和泄露检测软件、可视化软件。开发基于新型计算架构技术的通用分布式分析平台，支持 PB 级的数据分析。开发基于分布式分析平台的通用大数据智慧引擎、适用于分布式计算环境和新计算架构的大数据挖掘算法库。

三、大数据的发展趋势

大数据已经在社会上产生了深刻影响，而这一影响还将继续。主要体现在以下几个方面：

（一）政府高度重视大数据

政府作为最大的大数据拥有者，比其他类型的组织更有条件重视大数据、发展大数据、运用大数据。为了避免数据重复建设，优化业务流程，加强反腐败、推进法制建设，提高数据质量与可信度，增强政府工作透明度和流程化，促进产业发展与经济结构转型，提升政府决策与公共服务能力，政府应重视大数据的建设与发展。其举措主要包括成立专门的大数据管理机构，制定大数据发展战略与规划，统筹建立大数据中心，组织制定或完善相关法律法规，制定数据交换与共享等行业标准，促进大数据产学研结合等。在政务和公共服务领域的应用中，重点面向改善民生服务和城市治理等方面，积极推动环保、医疗、教育、交通等关键领域的大数据整合与集成应用，进一步提高政务和公共服务效率。在市场化应用方面，重点在跨行业的大数据应用方面出台推动政策，促进互联网、电信、金融等企业与其他行业开展大数据融合与应用创新，带动全社会大数据应用不断深化。通过建立统一的大数据中心，整合来自于政府职能部门及企事业单位、行业协会、中介组织的各类数据资源，推动和规范诚信机构建设，提供完整、准确、及时的企业和个人诚信信息。推动国家基础数据开放共享进程，主动披露政府掌握的数据，加快建立国家的公共基础信息平台，促进大数据成果的广泛应用。完善交换共享平台的覆盖范围，打通信息横向和纵向的共享渠道，推进跨地区、跨部门信息资源共享和业务协同。同时，按敏感性对公共数据进行分类，确定开放优先级，制定分步骤的数据开放路线图。此外，政府要积极规范和引导商业化的大数据交易活动，为数据资源的流通创造有利条件。通过研究制定完善信息公开和信息保护的法律法规，促进大数据合理应用，保护公民信息安全。制定相关参考标准，包括数据安全与个人隐私、数据交换格式等。推动数据交换过程中的数据来源追溯和安全保护，支持数据产品知识产权的研究和保护，强化企业和社会对数据安全与知识产权保护的意识和责任。

（二）多源跨域数据融合成为必然

单一数据即使规模很大，也难以称为大数据。来源广泛、类型多样、结构各异是大数据的天然特点。多源数据从不同视角反映人物、事件或活动的相关信息，把这些数据融合汇聚在一起进行相关分析，可以更全面地揭示事物联系，挖掘新的模式与关系，从而为市场的开拓、商业模式的制定、竞争机会的选择提供有力的数据支撑与决策参考。目前，无论是政府机关还是事业单位，无论是大企业还是小企业，都建有多种管理信息系统，建有多种数据库。但是各部门之间的数据并不能很好地交换与共享，部门内容的业务系统有时也不能实现数据的统一存储与访问，形成了数据孤岛。

为了解决数据孤岛，打通各部门各系统之间的数据，就需要进行多源融合。对多来源异构的跨领域的数据进行整合，打通数据会使数据更有价值。不同来源、不同采集方式的信息汇聚到一起，有许多问题需要解决，包括数据的更新与同步、数据交换与共享、数据重复比对问题、元数据的建立与揭示、异构数据的加权等。跨学科多领域交叉的数据融合分析与应用将成为以后大数据分析应用发展的重大趋势。

（三）新兴信息技术协同应用

大数据将与物联网、移动互联、云计算、社会计算等热点技术领域相互交叉融合，产生很多综合性应用。所谓物联网，是指通过嵌入射频识别装置、红外感应器、全球定位系统、激光扫描器等信息传感设备将物体与物体连接起来，并与互联网相结合从而形成的一个巨大网络。移动互联是将移动通信和互联网两者结合起来，成为一体，是互联网的技术、平台、商业模式和应用与移动通信技术结合并实践的活动的总称。云计算是基于互联网的相关服务的增加、使用和交付模式，通常涉及通过互联网来提供动态易扩展且经常是虚拟化的资源。社会计算是将系统科学、人工智能、数据挖掘等科学计算理论作为研究方法，将社会科学理论与计算科学理论相结合，为人类更好地认识社会、改造社会，解决政治、经济、文化等一系列复杂社会问题的一种理论方法体系。

物联网相当于互联网的感觉和运动神经系统，触及每个数据采集点。云计算是互联网的核心硬件层和核心软件层的集合。大数据代表了互联网的信息层（数据海洋），是互联网智慧和意识产生的基础。云计算可以为移动互联网的发展提供更强劲的"燃料"，而移动互联又给了云计算施展全部潜能的契机。物联网、传统互联网、移动互联网在源源不断地向互联网大数据层汇聚数据和接收数据。移动互联网是物联网发展的基础，物联网则推动移动互联网的应用实现全面发展。物联网与移动计算加强了与物理世界和人的融合，也带来了更大的数据；大数据和云计算加强了后端的数据存储管理和计算能力。这几个热点技术领域将相互交叉融合，产生很多综合性应用。

（四）智能计算深度介入

结合智能计算的大数据分析成为热点，包括大数据与深度学习、语义计算及人工智能其他相关技术结合。大数据分析的核心是从数据中获取价值，价值体现在从大数据中获取更准确、更深层次的知识，而并非对数据的简单统计分析。要达到这一目标，需要提升对数据的认知计算能力，让计算系统具备对数据的理解、推理、发现和决策能力，其背后的核心技术就是人工智能。近些年，人工智能的研究和应用又掀起了新高潮，特别是深度学习的突破与成功应用，使人们又一次看到了人工智能的春天。这一方面得益于计算机硬件性能的突破，另一方面则依靠以云计算、大数据为代表的计算技术的快速发展，使得信息处理速度和水平大为提高，能够快速、并行处理海量数据。智能计算深度介入大数据，会使大数据产生更大的价值。

（五）数据科学逐步形成

随着大数据的应用及对大数据人才的渴求，数据科学将逐步形成。数据科学是关于数据的科学，为研究探索赛博空间（Cyberspace）中数据界奥秘的理论、方法和技术的一门科学。数据科学主要有两个内涵：一个是研究数据本身；另一个是为自然科学和社会科学研究提供一种新方法，称为科学研究的数据方法。数据科学集成了多个领域知识，包括信号处理、数学、概率模型技术和理论、机器学习、计算机编程、统计学、数据挖掘、模式识别、可视化、数据仓库、高性能计算等。数据科学形成以后，将带动多学科融合发展。在大数据时代，许多学科表面上看来研究的方向大不相同，但是从数据的视角来看，其实是相通的。随着社会的数字化程度逐步加深，越来越多的学科在数据层面趋于一致。

（六）大数据软硬件基础设施不断夯实

随着数据量不断增长，数据存储虽不是瓶颈问题，但仍需要继续提升性能。新近出现的固态硬盘（SSD，Solid State Disk）和固态卡带都优于传统的磁盘。硬件是支持大数据业务的基础，良好的硬件可靠性会更加牢固，性能会不断提升。内存计算将继续成为提高大数据处理性能的主要手段，以 Spark 为代表的内存计算逐步走向商用，并与 Hadoop 融合共存，出现专为大数据处理优化的系统和硬件，大数据处理多样化模式并存融合，一体化融合的大数据处理平台逐渐成为趋势。

（七）个人隐私和数据安全引起全民关注

在大数据时代到来以后，隐私泄露会更加严重，除非不联网，否则在技术上无法做到完全的保护。要真正保障每位公民的隐私权，需要靠法律和道德，靠每一个人的良知和社会组织的进步，以及科学技术的发展。在大数据时代，数据安全一直是行业关注的焦点，特别是个人隐私泄露成为在互联网高速发展中的焦点问题。国际上一些机构提出，为了释放大数据潜力，监管的重点应该从数据收集环节，转移到数据使用环节。未来，会逐步完善相关法律法规与技术标准，包括数据安全与个人隐私、数据交换格式等，推动数据交换过程中的数据来源追溯和安全保护，支持数据产品知识产权的研究和保护，强化企业和社会对数据安全与知识产权保护的意识和责任。

总之，大数据作为一项新兴信息技术与社会现象，必将在诸多领域引起广泛影响，会带来产业技术革命，深深影响政府管理、企业运营、科研教育等领域，给人们的生产生活方式及思维决策方式带来巨大变化。

纵览全球，大数据仍处在起步发展阶段，仍有较多待解决问题及对策思考，需要历经长期地改进与优化。从实践应用来看，大数据技术与理念在先，大数据应用服务紧随其后，且多以解决大数据的4V问题为主。在解决问题与发展的过程中又会产生新的问题，新的问题产生新的机会，又会促进新一轮的发展。在云计算、物联网及开源运动等的持续推动下，跨领域、多来源、多方法、多关系的数据管理、分析、协作、共享及应用将是未来大数据产业发展的重要方向，将会逐步渗透到各个领域、各个环节，给国家、社会组织、企业、个人带来全方位的影响。而这，就是我们的大数据时代。

本章思考题

1. 公众对当前的大数据有何分歧？
2. 大数据人才应该具备哪些关键能力？
3. 结合本章所学知识，谈一下你对大数据发展趋势的认识。
4. 情景分析题

美国时间2014年9月19日上午，阿里巴巴正式在纽交所挂牌交易，股票代码为BABA。截至当天收盘，阿里巴巴股价暴涨25.89美元报93.89美元，较发行价68美元上涨38.07%，市值达2 314.39亿美元，超越Facebook成为仅次于谷歌的第二大互联网公司。阿里巴巴执行主席马云的身家超过200亿美元，超过王健林和马化腾，成为中国新首富。阿里巴巴的成功成为新的时代标志，马云用十年的时间超过了李嘉诚一生的财富，引发了经济领域新的思考。

不到两个月后的"双十一"网购狂欢节，逐年递增的人流量和爆炸效果，让所有的电商无法忽略，也给传统的零售商贸带来了巨大的冲击。11月12日凌晨消息，阿里巴巴刚刚公布了"双十一"全天的交易数据：天猫"双十一"全天成交金额为571亿元，其中在移动端交易额达到243亿元，物流订单2.78亿个，总共有217个国家和地区被点亮。新的网上零售交易纪录诞生。

根据以上资料，回答下列问题。

（1）结合你的所学知识，谈一下阿里巴巴应对大数据的成功经验。

（2）互联网改变的不仅仅是电商行业，给传统的行业也带来了改变甚至颠覆，请结合所学知识，谈谈企业应对大数据的策略。

第三章
大数据的技术

```
本 章 导 读
    大数据的价值不仅在于其规模的庞大，更在于其中包含的
有价值的内容。大数据处理的目的，是从海量数据中发现知
识，并合理存储有价值的数据。专业技术人员通过本章的学
习，应熟悉掌握大数据的采集、存储、预处理以及挖掘四个方
面的技术。
```

第一节　大数据的采集技术

大数据采集技术是进行数据存储、预处理和挖掘的基础。传统的数据采集技术主要包括普查、抽样调查和统计报表等；随着网络的发展，网络数据已经成为大数据的重要来源，网络数据的采集技术主要有网络爬虫、API 接口和传感器等。

一、普查

普查是为了某种特定的目的而专门组织的一次性的全面调查。它可以调查一定时点上的社会经济现象的总量，也可以调查某些时期现象的总量，甚至调查一些并非总量的指标。普查一般涉及面广、指标多、工作量

大、时间性强。为了取得准确的调查资料，普查对集中领导和统一行动有很高的要求。

普查的方式有两种，一种是建立专门的普查机构，聘请或者雇佣专业的普查人员进行实地调查，另一种是调查有关单位的原始记录和材料，根据原始记录归纳整理出要了解的数据。无论采用哪种方式，普查通常是周期性的或者是一次性的，往往有统一的时间点。例如，人口普查使用统一表格、统一方法，在规定的时间对全国人口进行普遍调查登记。

普查的优点在于数据严谨，资料全面，可以根据不同需求了解到调查对象的全部情况，准确度高，而且确定对象比较简单。而普查最显著的缺点在于普查的普遍性会导致工作量较大，导致调查内容有限、产生重复和遗漏的现象。

二、抽样调查

抽样调查是一种非全面调查，它是从全部调查研究对象中抽选一部分对象进行调查，并据此对全部调查对象做出估计和推断的一种调查方法。抽样调查虽然是非全面调查，但它的目的却在于取得反映总体情况的信息资料。

（一）抽样调查的样本抽取

从样本抽取角度来看，抽样调查可以分为简单随机抽样、系统抽样和分层抽样等。

简单随机抽样，是从总体 N 个对象中任意抽取 n 个对象作为样本，最终以这些样本作为调查对象，其中，在抽取样本时，总体中每个对象被抽中为调查样本的概率是相同的。

系统抽样，是首先将所有对象分成均衡的几个部分，然后按照预先制定出的规则，从每一部分中抽取一个对象，这些被抽取出的对象构成了调查样本。

分层抽样，是将所有对象分成互不交叉的类别或层次，然后按照一定的比例，从各类别或层次中独立地抽取一定数量的对象，最后将这些被抽取出来的对象合在一起作为调查样本。

（二）抽样调查的调查方式

从调查方式角度看，抽样调查的方式很多，主要包括问卷调查法、访谈法、观察法和实验法等。

问卷调查法，是向被调查者发出简明扼要的征询表单（表），请被调查者填写对有关问题的意见和建议，从而达到数据采集的目的。

访谈法，是通过访谈员和受访人面对面交谈来采集相关数据的方法。按照同时受访的人数不同，访谈法可分为个人访谈和团体访谈，个人访谈是一对一的访谈，团体访谈又称座谈会，是指将若干访谈对象召集在一起同时进行访谈，通常以 5~7 人为宜。

观察法，是由调查者直接或利用仪器来观察、记录被访者的行为、活动、反应、感受或现场事物，以获取数据的方法。按照调查者是否参与调查对象的活动，观察法可分为参与观察和非参与观察。参与观察是调查者作为活动的一员，在参与调查活动同时进行观察，从而系统地收集数据的方法。非参与观察是调查者以旁观者的身份对调查对象进行的观察，以便比较客观地获得观察数据的方法。

实验法，是从自然科学的实验室试验法借鉴而来的，它是指在既定条件下，通过有目的、有意识地改变某些环境变量或参数，获得被实验对象在环境改变时的活动变化，从而发现实验对象活动变化的因果关系的方法。从本质上说，实验法是一种特殊的调查与观察法，因为任何一项实验数据的获得都需要进行调查和观察，但是，与一般的调查和观察不同，实验法是在控制环境的前提下进行调查和观察的。

总而言之，抽样调查方法的优点在于容易操作，适用面广，经济性强，可以仅仅根据少量信息推断出全局信息。抽样调查方法的缺点在于误差不易被控制，需要依赖较好的样本，并且测评结果往往不够稳定。

三、统计报表

统计报表是按统一规定的表格形式、统一的报送程序和报表时间自下而上提供基础统计数据的方法。按照调查范围不同，统计报表可分为全面统计报表和非全面统计报表。全面统计报表是指每个调查对象都要填写报表。非全面统计报表则是只有部分调查对象填写报表。按照报送周期不同，统计报表可分为日报、周报、旬报、月报、季报、半年报和年报。

统计报表一般分为两个步骤：第一步，由主管部门根据相关法律法规和实际统计需求，制定统计表并通过管理系统下发给调查对象；第二步，调查对象按统计报表的填写要求提供基本统计数据，经认真核对后上报。对于一些复杂数据或精度要求较高的数据，可能需要层层汇总核对并逐级上报。

统计报表是一种自上而下布置，自下而上填报的数据采集技术，因此

与其他技术相比有独特的优势。首先，统计报表是对调查对象的实际情况
进行的基本数据采集，统计口径、统计范围等具有统一性，对数据的准确
性也有严格的要求，因而数据可靠；其次，统计报表以行政命令为后盾，
有严格的上报程序，具有百分之百的回收率；最后，统计报表中要填报的
项目和指标具有相对的稳定性，可以形成时间序列数据，有助于进行历史
对比和变化规律的系统分析。

四、网络爬虫

网络爬虫又称网络蜘蛛、网络机器人，是一种按照一定的规则，自动
抓取 Web 信息的程序或者脚本，其主要功能是访问网站、下载网站的免
费内容，如网页、图像、音视频文件等。

（一）网络爬虫的工作原理

网络爬虫从起始网页开始，沿着该网页中包含的链接地址（即 URL，
Uniform Resource Locator）不断从一个网页移动到另外一个网页，从而达
到遍历互联网的目的。具体地说，网络爬虫的工作原理是从一个或若干个
初始网页的 URL 开始，获得初始网页上所包含的 URL 列表，并将这些
URL 作为继续爬行的依据；在抓取网页过程中，网络爬虫不断从当前网
页上抽取新的 URL，并继续爬行至这些 URL 指向的网页，直到满足预定
的停止条件。图 3—1 所示为网络爬虫的基本工作原理。

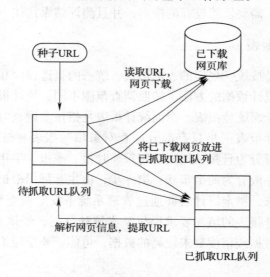

图 3—1　网络爬虫的基本工作原理图

通过图 3—1 可以看出，网络爬虫的工作基本流程如下：

①根据需要精心挑选一部分 URL，作为种子 URL。

②将这些 URL 放入待抓取 URL 队列。

③从待抓取 URL 队列中取出一个 URL，将该 URL 对应的网页下载下来，存储进已下载网页库中，并将该 URL 从待抓取队列移至已抓取 URL 队列中；判断是否满足了抓取结束条件，如已经达到要采集的网页数量要求等，若达到了抓取结束条件，抓取结束，否则继续下一步骤。

④分析步骤③中下载的网页，从中解析所包含的 URL，判断解析出来的 URL 是否存在于已抓取 URL 队列内，对于已抓取 URL 队列中不存在的 URL，执行步骤②。

（二）网络爬虫的爬行策略

爬行策略是指网络爬虫使用待抓取 URL 队列中 URL 的规则，其决定了网络爬虫使用众多待抓取的 URL 的次序。常见的爬行策略有深度优先遍历策略、广度优先遍历策略、反向链接策略和大站优先策略等，其中以深度优先遍历策略和广度优先遍历策略最为基础。此处重点以图 3—2 为例，介绍深度优先遍历策略和广度优先遍历策略。

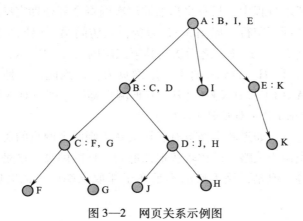

图 3—2 网页关系示例图

图 3—2 显示了有链接关系的几个网页，其中，A、B、C、D、E、F、G、H、I、J、K 分别表示网页，网页冒号后面的字母表示该网页链接到的网页，以 A 为种子网页。

1. 深度优先遍历策略

深度优先遍历（Depth–First–Search）策略是指从起始网页开始，选择一个 URL 进入，分析这个网页中的 URL，选择其中一个 URL 并进入该

URL 指向的网页。如此一个链接接着一个链接地抓取下去，直到处理完一条路线之后，再返回到上层的未爬行过的 URL，进行同样的处理。以图 3—2 为例，首先处理网页 A，此时会发现 B、I、E 三个链接，假定选择了网页 B 继续访问，处理网页 B 之后，会找到网页 C、D，假定继续处理网页 C，会找到网页 F、G，假定选择 F 继续访问，由于网页 F 中不再包含其他链接，则返回至网页 C，看它是否存在未处理的下一层网页，若有进行处理，这时只有网页 G 未被抓取，因此处理完网页 G，此后，再次返回上一层网页 C，此时网页 C 中没有未处理网页链接，则返回上一层网页 B，网页 B 所包含的链接 D 未处理，网络爬虫抓取网页 D，……，以此类推，得到的一种网页爬行序列为 A B C F G D J H I E K，其他爬行序列还有 A B D H J C G F E K I 和 A I E K B C F G D J H 等。

深度优先策略设计较为简单，其目标是尽快抓取到末端网页，因而，对级别较深的网页来说，抓取效率并不高。对抓取深度的限制和选择是该种策略的关键。

2. 广度优先遍历策略

广度优先遍历（Breadth – First – Search）策略又称宽度优先遍历策略，是指在抓取过程中，只有将当前同层次网页全部处理完毕之后，才进行下一层次的网页爬行。以图 3—2 为例，先访问第一层网页 A，其次访问其第二层网页 B、I、E，之后访问其第三层网页 C、D、K，再访问第四层网页 F、G、J、H，直到没有下一层网页为止，因此，一种可能的网页爬行序列为 A B I E C D K F G J H。其他网页爬行序列还有 A B E I D C K J H G F 和 A E I B K D C H J G F 等。

一般情况下，如果两个网页有链接关系，则两个网页的关系会比较密切，广度优先遍历策略可以比较快地抓取到这样的网页，这是广度优先遍历策略的优势，但是，该策略的不足在于抓取末端网页的时间开销比较大。

五、API 接口

API 即应用程序编程接口（Application Programming Interface），是预先将常用的某些功能封装成对应的程序模块，这些程序模块屏蔽了实现某些功能的代码细节，但可以接受这些功能在执行过程中需要的数据并能返回相应的结果，程序设计人员只要根据这些程序模块的要求，向其传递合法的数据，就可以使用这些功能，从而免去了重复编码的麻烦，简化了程序设计人员与计算机硬件及操作系统相交互的过程，大大提高了开发应用系统的效率。

常见的 API 接口包括系统调用 API、SQL 查询语言 API、信息通信 API、远程过程调用 API 等。

系统调用 API 是操作系统提供的用于调用系统资源的 API，通过系统调用 API，程序开发人员可以访问系统资源，如获取系统当前时间、管理磁盘空间、进行内存分配等。不同操作系统提供的 API 名称和功能有可能不同，但其主要目的都是方便应用程序与操作系统的交互。

SQL 查询语言也简称 SQL，是 Structured Query Language（结构化查询语言）的缩写，它是专门为关系数据库而设计的数据操作语言，目前几乎所有的关系数据库如 Oracle、SQL Server、Sybase、DB2、MySQL 等都支持 SQL。SQL 查询语言 API 就是这些标准关系数据库提供给应用程序开发人员的一组程序接口，应用程序开发者和数据库使用者可以通过标准 SQL 查询 API 对数据库进行操作，包括定义数据库的逻辑结构、进行数据查询和数据增删改，以及访问控制、数据完整性约束和事务处理等操作。

信息通信 API 是用于进程之间或者计算机之间通信的程序接口，通过信息通信 API，进程与进程之间或者计算机与计算机之间可以实现数据共享。例如，为了使 Java 设备能够集成在蓝牙环境中并在 Java 平台上开发支持蓝牙技术的软件，JCP（Java Community Process，Java 社区进程，一个开放的国际组织）定义了 JSR 82 规范。太阳微系统公司（Sun Microsystems，后被甲骨文公司收购）实现了符合 JSR 82 规范的 API 接口，该 API 包括 javax. bluetooth 和 javax. obex 两个包，前者用于实现蓝牙功能，后者用于实现无线环境下的对象交换协议。通过在应用程序中调用这两个包中的 Java 类或 Java 接口，带有蓝牙设备的通信工具可以实现远程设备或服务的发现、设备或服务的管理以及设备或服务之间的通信。

远程过程调用（RPC，Remote Procedure Call）是指在网络环境下一台计算机上运行的程序调用另一台计算机上的程序，被调用的程序运行后，将运算的结果通过网络返回给发起调用的程序。远程过程调用 API 的目的是简化远程过程调用的实现过程，使程序设计人员能够像本地过程调用那样进行远程系统上的过程调用，而无须再做额外的编程。远程过程调用 API 的一个典型实例是谷歌 API，例如，谷歌地图提供了地图服务 API（Google MAPS API），通过该 API 可以调用谷歌地图的相关功能，将谷歌地图嵌入到本地程序中。

六、传感器

传感器（Sensor）是一种常见的重要电子器件，它是一种能够检测到特定的数据并能将这些数据按一定规律转换成其他形式可用信号的装置。目前在国内许多公共场所使用的自动水龙头，就是传感器的一个典型应用。这种水龙头中安装有红外传感器，当人手放到水龙头出水口下方时，传感器检测到人手的存在并将这一信号转换成电信号，发送给电磁开关，使水龙头出水。当人手离开水龙头后，传感器就会控制电磁开关关闭，使水龙头停水。

传感器一般由敏感元件、转换元件、信号调节与转换电路三部分组成。其中，敏感元件用于检测要传感的对象，将检测到的结果转化成与检测结果有特定关系且能够很容易转换成电信号的物理量，并将该物理量输出给转换元件。转换元件接受来自敏感元件的输出，将其转换成电信号，输出给信号调节与转换电路。信号调节与转换电路则把接收到的电信号转换为便于显示、记录、处理或控制的有用电信号。当然，并不是所有传感器都由这三部分组成的。例如，电阻式敏感元件可以直接输出电信号，在使用这种敏感元件的传感器中，就无须再有专门的转换元件。

传感器可以从不同的角度来分类，常见的分类标准有感知原理、感知对象、制造材料、输出信号形式等。

按感知原理分类，传感器可分为物理传感器、化学传感器和生物传感器。物理传感器是根据力、热、光、电、磁和声等物理效应而设计制造的传感器。化学传感器是根据化学吸附、电化学反应原理而设计制造的传感器。生物传感器是根据酶、抗体、激素的特性等而设计制造的传感器。

按感知对象分类，传感器可分为热敏传感器、光敏传感器、气敏传感器、力敏传感器、磁敏元件、湿敏传感器、声敏传感器、放射线传感器、色敏传感器和味敏传感器等，这些传感器可以分别测量不同的对象。

按制造材料分类，传感器可分为半导体传感器、陶瓷传感器等。这里所说的制造材料，主要是指制造传感器中敏感元件的材料。

按输出信号形式分类，传感器可分为模拟传感器、数字传感器、膺数字传感器以及开关传感器等。模拟传感器的最终输出是模拟电信号。数字传感器的最终输出是数字信号。膺数字传感器的最终输出是频率信号或其他周期信号。开关传感器的最终输出是一个高电平信号或低电平信号。

传感器在社会生产和社会生活中有广泛应用，工业制造、农业生产、航空航天、海洋探测、医疗卫生、生物工程、环境保护等各个方面都离不开传感器。传感器产生的数据是大数据的重要组成部分。以智能健康手环为例，随着时代的发展，人们越来越关注自身的健康，整合了传感器技术的智能健康手环，是大数据技术在实时健康监测方面的一项重要应用，其功能包括查看运动量、监测睡眠质量、智能闹钟唤醒等，并且可以通过手机应用实时查看运动量，监测走路和跑步的效果，还可以通过云端识别更多的项目，能够自动判断是否进入睡眠状态，分别记录深睡、浅睡并汇总睡眠时间，帮助用户监测自己的睡眠质量。

第二节　大数据的存储技术

如何存储规模庞大、类型繁多、结构各异的大数据，是大数据技术要解决的重要问题。就数据存储而言，一方面传统的关系数据库在金融、互联网等领域仍然发挥着巨大作用；另一方面非关系数据库以其易扩展性、高并发性等特点正逐渐占有越来越重要的地位。本节主要介绍数据存储中关系数据库、数据仓库和分布式存储的相关概念。

一、关系数据库

关系数据库是现实生活中最为常见的数据库类型，在各个领域有广泛应用。关系数据库（Relational database），是建立在关系模型基础上的数据库，借助于集合代数等概念和方法处理数据库中的数据。关系模型（Relational model）是基于谓词逻辑和集合论，用二维表的形式表示实体和实体间联系的数据模型。关系数据库采用标准的 SQL 语言，包含数据定义语言、数据操纵语言、数据控制语言、交易控制语言等。

在数据库设计领域，经常使用实体—关系图（Entity Relationship Diagram，简称 ER 图）来描述现实世界的概念模型。ER 图的三要素是实体类型、属性和联系。在实际设计过程中，使用矩形框表示实体，菱形框表示联系，椭圆形框表示实体和联系的属性，其中联系又可以分为一对一的关系、一对多的关系以及多对多的关系三种情况。

（一）关系模型的三要素

关系模型由关系数据结构、关系操作集合、关系完整性约束三部分组成。

关系模型的数据结构是行和列组成的数据集合，一个数据库包含一个或者多个表。一般而言，关系数据结构由关系、元组、属性组成。一个关系对应一张二维表格。表中的一行称为一个元组，也叫记录。表中的一列称为属性，列名为属性名。

常用的关系操作包括数据查询和数据操作，其中数据查询包含选择、投影、连接、并、交、差、除等操作，数据操作包含增加、删除、修改。关系数据库通过 SQL 语句对数据库进行上述操作。在数据操作中，为了保证数据管理系统正确可靠，数据操作必须满足原子性、一致性、隔离性和持久性。原子性是指一个操作过程要么完全执行，要么完全不执行，不存在中间状态，如果某个操作执行一半就被中断，则需要进行回滚操作（Rollback），使数据恢复到该操作开始之前的状态。一致性是指事务开始之前和事务结束之后，数据库的完整性没有破坏。隔离性是指当两个或者多个事务同时访问数据库（数据查询或者数据操作）时，保证数据一致和完整，也就是说，在一个事务对数据库进行访问的过程中，其操作不受其他事务的影响。持久性是指任何对数据库的操作结束之后，数据会永久保存在数据库中。

关系完整性约束包含实体完整性、参照完整性、用户定义完整性。其中实体完整性指表中行的完整性，要求表中的所有行都有唯一的标识，称为主键。主键是否可以修改，或整个列是否可以被删除，取决于主键与其他表之间要求的完整性。如在学生表（学号、姓名、年龄）中学号不能取空值（NOTNULL），成绩表（学号、课程号、成绩）中学号和课程号都不能取空值。参照完整性要求关系中不允许引用不存在的实体。例如，在学生表和成绩表之间用学号进行关联，如果学生表是主表，成绩表是从表，当向成绩表插入一条新纪录时，如果主表中没有插入的学号，则应拒绝执行该插入操作，如果有学号，则可以向成绩表中插入数据。用户定义完整性是指数据应满足用户定义的数据属性的约束条件和语义要求。比如在成绩表中，成绩的取值范围在 0～100 之间，当用户输入的值超过或者低于这个范围时，则应拒绝接受。

（二）关系数据库管理系统

数据库管理系统（Database Management System）是一种操纵和管理数据库的大型软件，用于建立、使用和维护数据库，简称 DBMS。大部分 DBMS 提供数据定义语言 DDL（Data Definition Language）和数据操作语言 DML（Data Manipulation Language），可以用来定义数据库的模式结构与权限约束，实现对数据的追加、删除等操作。关系数据库管理系统是在关系模型的基础上实现的数据管理软件。

数据库管理系统分为物理层、概念层和用户层三个层次。物理层是数据库的最内层，代表物理层面上存储数据的集合。概念层是中间一层，定义了数据之间的逻辑关系，是数据库管理员概念下的数据库。用户层是用户所看到和使用的数据库，代表一个或一些特定用户使用的数据集合，即逻辑记录的集合。数据库不同层次之间的联系是通过映射进行转换的。

常用的数据库管理系统有 MySQL、DB2、Oracle、SQL Server 等。

关系数据库的优点在于逻辑结构简单，符合现实生活中对数据的认知，由于数据是以表格的形式存储，因此易于理解和应用。

二、数据仓库

数据仓库（Data Warehouse）是一个面向主题的、集成的、相对稳定的、反映历史变化的数据集合，它可以用于支持管理决策。数据仓库为数据分析提供了一种更优化的技术架构。由于其采用多维数据模型并能支持联机分析处理，因此，在数据挖掘中有广泛应用。

（一）数据仓库的特点

和传统的数据库不同，数据仓库有以下几个特点：

第一，数据仓库面向主题。主题是指用户使用数据仓库进行分析决策时所关心的重点方面，一个主题通常与多个操作型信息系统相关。数据仓库中的数据通常按照一定的主题域进行组织，以所代表的业务内容（即主题）进行划分，每个主题都对应着一个宏观的分析领域。

第二，数据仓库具有集成性。尽管原始来源可能不同，但数据仓库中的数据是在对原有分散的数据清理归纳的基础上，经过系统加工、汇总而成的，因此可以消除数据的不一致性，保证数据仓库内的信息是一致的全局信息。

第三，数据仓库以只读方式存储。即使发现数据错误，一旦确认写入后是不会被取代或删除的。另外，数据仓库主要是为决策分析提供数据，所涉及的操作主要是数据查询。

第四，数据仓库具有随时间变化的特性。数据仓库中的数据通常包含历史信息，系统记录了用户和企业从过去某一个时间到当前各个阶段的信息，通过这些信息，可以对未来的发展做出相关判断和预测。

此外，数据仓库还有大容量、效率高、扩展性强等特点。

（二）数据仓库的实施步骤

数据仓库的实施主要分为以下几个步骤：

第一步，收集业务需求，确定主题。通过与业务部门充分交流，了解建立数据仓库所要解决问题的真正含义，确定各个主题下的查询分析要求。

第二步，确定数据模型和数据库业务平台。一般情况下，需要考虑的影响因素主要包括数据量大小对管理、处理的要求，进出数据仓库的数据通信量，数据模型本身对要解决问题的适应性，对数据仓库实施的时间要求等。

第三步，建立数据仓库的逻辑模型。主要工作包括：分析主题域，确定当前要装载的主题；确定数据粒度的层次划分；确定数据的分割策略；定义关系模式等。

第四步，在逻辑模型基础上构建数据仓库。将数据装入到数据仓库中，并且在其上建立数据仓库的应用。在这个过程中，主要考虑的问题包括接口设计、数据更新等。

第五步，数据清洗转换和传输。数据转换工具要能从各种不同的数据源中读取数据，能以不同类型数据源为输入整合数据，可以根据条件抽取相应数据等。

第六步，开发数据仓库的应用分析。数据仓库的最终目的是为用户和业务部门提供决策支持，应该满足用户的全部分析功能要求，并且提供灵活的表现形式，其中包括以直观的方式看到数据仓库相关内容，或者提供对外接口，以允许用户利用上层软件进一步对数据进行分析。

第七步，数据仓库的管理和维护。数据仓库通常采用逐步完善的原型法进行设计开发，它要求尽快让系统运行起来，以便产生效益，并且允许在使用过程中不断理解需求、改善系统，不断考虑新需求、扩展系统。

（三）联机分析处理

联机分析处理（OLAP，Online Analytical Processing）是数据仓库系统最主要的应用，它是在传统的联机事务处理基础上发展起来的一种数据分析技术，主要目的是对数据仓库中存储的多维数据进行灵活高效的分析和归纳，从而获取更有价值的决策参考信息。

OLAP 按照数据存储格式可以分为四种类型，分别是关系型 OLAP（ROLAP）、多维 OLAP（MOLAP）和基于图的 OLAP（GOLAP）。关系型

OLAP 以关系数据表的形式存储数据，充分利用关系数据库现有的成熟技术，借助于关系数据库强大的数据处理能力进行复杂的聚集计算。多维 OLAP 以多维数组的形式组织、存储数据仓库中的数据，与关系型 OLAP 不同的是，多维 OLAP 数据分析有两个基本组成部分，即对象（维度）和对象之间相互作用的度量（事实），它们共同构成了多维数据分析视图。数据在多维空间中的位置由维属性来确定和计算，数据的值即为度量属性的值。基于图的 OLAP 是研究人员除了关系表和多维数组以外，采用自定义的、特殊的数据结构组织存储数据，如类树、图等，以便为能够使用相关设计进行分析。

OLAP 的基本操作有钻取（Drill）、切片（Slice）、切块（Dice）以及旋转（Pivot）等。钻取是改变维的层次，变换分析的粒度，它是指沿着某一维获取数据，用来改变观察数据的层次，钻取的深度与维度所划分的层次相对应。钻取包括向上钻取（Drill－up）和向下钻取（Drill－down），向上钻取是合并维数，在某一维上将低层次的细节数据概括到高层次的数据中，形成新的汇总数据对数据进行观察。向下钻取则正好相反，它从汇总数据深入到细节数据进行观察或增加新的维度，以便从数据中挖掘出更多的信息。切片和切块类似，都是指选取某些维度上的数据进行观察的操作，在多维数据结构中，将数据在某两个特定维度上做投影而得到一段数据的方法称为切片，将数据在三维空间中做投影而形成三维视图的方法称为切块。旋转是改变集中数据的规则，从而得到不同视角的数据，就是对数据仓库中的某些数据做行列互换，从而形成新的数据表现方式，例如，对于单位部门的销售数据，原来数据仓库中的组织方式是年度划分，再按季度划分，现在就可以将销售数据旋转成先按照年度划分，再按照年度划分。

三、分布式存储技术

随着互联网时代的到来以及大数据在各个领域的应用，传统的数据库和数据存储已经不能适应时代的发展。在同步性方面，在很多情况下，用户的应用对数据存储的同步性有非常高的要求，要求每个节点能够同步更新数据且数据不能丢失，也不能产生混乱；在即时性方面，要求查询、增加、删除等的信息能够迅速参与操作；在高并发性方面，要求大量数据能在同一时刻段接受不同请求，并能够有效且正确处理所指派的任务。

　　为了满足上述需要，分布式存储技术应运而生。分布式存储技术是指将数据分散存储到不同的机器（节点）上，利用网络之间的连接统一接口对外提供数据服务和应用。图3—3是分布式存储结构的示意图。

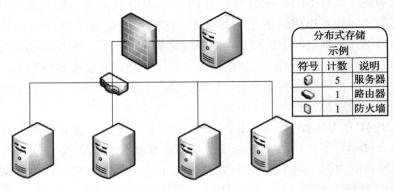

分布式存储		
示例		
符号	计数	说明
	5	服务器
	1	路由器
	1	防火墙

图3—3　分布式存储结构

　　分布式存储结构中的节点分为存储节点和控制节点。在某些系统中，存储节点和控制节点相对独立，而另外一些系统中，很多节点既是存储节点，又是控制节点。而像分布式数据库Cassandra，没有统一的控制节点，每个节点都可以作为控制节点和存储节点。对于第一种分布式存储结构，其优点在于控制和管理节点比较容易，缺点在于一旦控制节点受到攻击或者损坏，整个系统将会面临崩溃。对于第二种分布式存储结构，其优点在于系统的鲁棒性（即抗攻击能力）非常强，缺点在于局域网之间信息交换太多，并且信息冗余比较大，具体表现在对于局域网中的任意一个节点，需要和其他所有节点做信息交互之后，才能确定如何控制或处理资源。

　　从数据组织角度，分布式存储系统分为分布式文件系统和分布式数据库两种类型。

（一）分布式文件系统

　　分布式文件系统（Distributed File System）是一种允许文件通过网络在多台主机上分享的文件系统，可让多机器上的多用户分享文件和存储空间。文件系统管理的物理资源不一定存储在本地系统上，有可能存储在网络上的其他计算机系统中。在这样的文件系统中，使用者不直接访问底层数据模块，而是通过网络以通信协议的方式来读取和使用数据。用户在使用分布式文件系统时，无需关心数据存储在什么节点上，只需要像使用本地文件系统一样管理和存储文件系统中的数据，对用户来说，分布式文件系统是透明的。分布式文件系统支持对文件的增加、删除、修改等基本操作，常见的分布式文件系统有 Hadoop 的 HDFS（Hadoop Distributed File System，Hadoop 分布式文件系统）等。HDFS 是一个具有容错性的系统，可以分布式部署在多台机器上，并且对机器的性能要求不高。HDFS 能提供高吞吐量的数据访问，非常适合大规模数据集上的应用，比如超市等场景中的数据存储。

分布式文件系统往往和分布式计算相关，分布式计算利用 MapReduce 的过程，研究如何把一个需要非常巨大的计算能力的问题分解成若干个子问题，然后将这些子问题分配给多台计算机进行处理。当这些子问题所涉及的数据来源于不同机器时，分布式文件系统会在其中发挥巨大作用，可以提供分布式计算所需要的数据服务。

（二）分布式数据库

一般而言，分布式数据库是指物理上分散在不同地点，但在逻辑上是统一的数据库。因此分布式数据库具有物理上的独立性、逻辑上的一体性、性能上的可扩展性等特点。分布式数据库是在独立数据库基础上发展起来的，分为关系数据库和非关系数据库两种。

分布式关系数据库是在关系数据存储模式基础上发展起来的存储方式。如在很多早期的银行系统中，不同地区的银行都有提交存款、取款、查询等业务需求，应用程序将不同数据提供到不同银行站点，然后通过分布式数据库存储同步数据。在分布式关系数据库中，数据格式仍然按照表格的方式存储在数据库中，尽管不同的数据存储在物理上不同的位置，但是从用户的角度来看是透明的。

非关系数据库与传统的关系数据库不同，非关系数据库有自身的特点。第一，非关系数据库放弃了数据一致性等约束条件；第二，非关系数据库没有关系数据库中的表格等组织形式，而是采取"键—值"对的组织结构；第三，非关系数据库要求有良好的扩展性，即随时可以加入新的节点，而不改变原有的结构和信息组织方式，从而达到系统扩充的目的；第四，非关系数据库还有其更新数据的特点，将新的内容以时间戳的形式添加至数据库结尾。

非关系数据库和传统的关系数据库不同，并没有传统数据库中的复杂查询（如关系数据库中的连接），甚至不支持删除操作。其具有高速和易扩展的组织方式，得到了海量数据的存储功能和数据存储性能的提升。

第三节 大数据的预处理技术

在通过各种手段采集来的数据中,'会存在很多脏数据，脏数据是指格式不规范、编码不统一、意义不明确、与实际业务无关或者不完整的数据，这些数据会对数据分析产生干扰或者导致无法进行数据分析、挖掘或估值。为了提高数据分析的质量，必须对采集来的数据进行一定的预处理。数据预处理（Data Preprocessing）是指在进行分析之前对数据做必要的处理，以提高数据的一致性、完整性、正确性和最小冗余等质量指标。数据预处理技术主要包括数据清洗、数据融合、数据归约等。

一、数据清洗

数据清洗（Data Cleaning），从名称上看就是把"脏数据""洗掉"，它是指发现并纠正数据中错误和矛盾的过程，包括缺失值处理、噪声数据消除、一致性检查等。

（一）缺失值处理

缺失值是指现有数据集中某个或某些属性中不完全或者有丢失的内容。缺失值的存在，会使得数据分析的结果与实际情况有非常大的偏差，无法反映数据中蕴含的真正规律，更有甚者，有些数值恰好是数据分析模型中的关键数据，缺少关键数据会导致无法使用预定的分析模型进行分析。

对缺失值的处理方法可以分为两种：一种是在分析中忽略含有缺失值的个案，另一种是填补缺失值。第一种方法较为简单，但可能会影响分析模型的应用或导致最终分析结果不可靠。第二种方法比较常用。

填补缺失值的方法包括人工填补缺失值和机器自动填写两种，人工填写的准确性较高，但人工填写的效率较低，不适于有大量缺失值的情况；机器自动填写在很大程度上提高了效率。机器自动填写的常用具体方法包括：

①运用一个全局常量如 unknown 或 null 等代替缺失值，这种方法虽能补齐数据，但对分析结果有较大的影响，所以一般不使用。

②用有缺失值属性的全部存在值的平均数、中位数或众数代替缺失值。

③对有缺失值的属性进行分类，对于每类中的缺失值，运用该类的平均数、中位数或众数等填写。

④利用缺失值所在的属性与其他数据之间的关系，通过回归、贝叶斯和最大似然估计的方法推算缺失值。

（二）噪声数据消除

噪声数据是指有随机误差的数据。噪声数据包括两种类型，一种是离群点，这种数据表现为与数据的整体水平有较大差异；另一种是波动数据，这种数据虽然也有误差，但与整体水平相差不大。例如，微博数据的评论数和转发数之间的关系，如图3—4所示。

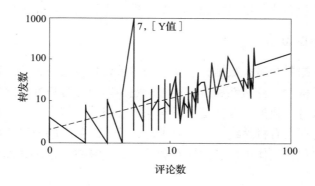

图3—4　微博评论、转发关系图

在图3—4中，数据点（7，1 000）是离群点，而数据围绕中心的波动，可能是由随机误差导致的。

离群点会影响数据的分析、挖掘，可以运用基本描述统计方法和数据可视化方法来识别，并在分析过程中加以删除。需要注意的是，不是所有离群点都没有意义，有时，离群点会反映某些规律，因此，在特定情况下可以专门对离群点进行研究。

对于波动数据，有时为了简化挖掘过程，会对其进行光滑处理，但光滑处理会忽略部分数据细节，如果这些细节是研究重点，则不需要对数据进行光滑处理。光滑处理的方法包括分箱、回归和聚类分析等。

分箱，即按照一定的标准（如数据的大小、数据的个数等）将波动数据划分成若干组，每个组称为一个"箱"，箱中每一个值都被替换为箱中原有数据的平均数、中位数或者众数。回归，即建立适当的回归方程，用现有的两个或多个数据预测其他数据，用预测值代替数据原有的值。聚类分析，即运用聚类的方法，将当前数据聚成多个簇，用簇的中心点的值代替该簇所有点的值。

（三）一致性检查

一致性检查是根据每个变量的合理取值范围和相互关系，检查数据是否合乎要求，发现其中超出正常范围、逻辑上不合理或者相互矛盾的数据。例如，用 1~7 级量表测量的变量出现了 0 值、体重出现了负数，都应视为超出正常值域范围。具有逻辑上不一致性的数据可能以多种形式出现，例如，调查对象宣称自己是某品牌的拥趸，但同时又将自己对该品牌的熟悉程度量表赋予了很低的分值。发现不一致时，要列出数据来源、记录序号、变量名称、错误类别等，便于进一步核对和纠正。

二、数据融合

多源数据融合是大数据分析和挖掘的重要特点之一，而不同来源的数据，存在异构性、分布性和自治性等问题，因此在分析处理之前要对多源数据进行融合。数据融合就是把不同来源、格式、特点、性质的数据，在逻辑上或物理上有机地统一，以便于进行分析。数据融合过程中需要解决的问题主要包括实体识别、数据冗余处理、重复数据记录处理和数据冲突处理等。

（一）实体识别

实体识别是判断来自不同数据源、有不同表现形式的数据对象是否指向现实世界中同一实体的过程。实体识别主要是通过比较来自不同数据源的数据对象的相似程度来实现的，这种方法通常包含三个步骤：①找出并减少待比较的数据对象的对数。利用数据对象的元数据如名字、含义、数据类型以及数据的允许取值范围等特征确定待比较的数据对象，在这个过程中，待比较的成对数据对象可能数量十分庞大，因此要通过多种手段减少待比较的数据对象的对数。②成对数据对象的相似度计算。按着预定的规则用相应的算法，如向量空间模型等，计算成对数据对象之间的相似度，将等价的两个数据对象识别出来。③实体统一。用统一规范的方式表示指向同一实体的数据对象，并根据实际情况对其中多条数据对象进行合并或者删除。

（二）数据冗余处理

数据冗余是指数据与数据之间的重复现象。如果一个数据可以从另外一个或者几个数据中导出，则这个数据是冗余的（如出生日期的数据和年龄数据，彼此就是冗余的）。数据命名的不一致性也会导致数据融合结果中的数据冗余。可以通过计算两个或多个数据之间的相似度或者相关性等来判断是否存在冗余数据。相似度或相关性的判断可以运用卡方检验、皮尔逊相关系数计算、协方差分析等方法进行计算。

（三）重复数据记录处理

除了对数据冗余的处理外，还需要对重复的数据记录进行处理。对于唯一数据实体，如果存在一个以上相同的元组，则这些数据记录就是重复数据记录。在数据融合中，不同数据源数据的融合可能会产生无意义的重复数据记录，对这些数据记录需要进行去重处理。

（四）数据冲突处理

在多源数据中，各个数据源具有自身的数据定义，不同的数据源中的描述同一实体的数据彼此之间的语义和数据值有可能不一致，融合时，会出现实体描述的二义性问题，这就是数据冲突。例如，不同数据源中表示商品价格的货币单位有所不同，有的以人民币为单位，有的以美元为单位，等等。对于这类数据，必须在数据分析前进行规范处理。处理数据冲突的基本流程是，首先发现数据冲突，其次对出现数据冲突的属性进行重新定义，包括名称、表示方式、量纲和抽象层等，最后根据属性的定义对冲突数据进行必要的变换，形成统一的数据集。常用的变换方法有直接变换、运算变换、拆分变换、组合变换、关联变换等。

直接变换，当标准定义的数据与数据源中的数据有直接对应关系时，可根据对应关系将数据源中的数据变换为标准定义的数据，例如，将公斤变换为千克。

运算变换，当标准定义的一个数据对应了数据源中的多个数据的计算结果值时，需要对这些数据进行计算，将其变换为标准定义的数据。

拆分变换，当标准定义的多个数据与数据源中的一个数据对应时，需要将数据源中的数据拆分成多个数据。

组合变换，当标准定义的某一数据是数据源中的多个数据的组合时，需要将数据源中的多个数据组合到一起，形成标准数据。

关联变换，数据源中的数据存在着关联，这时就不能简单地进行数据对数据的转换，而是需要根据关联关系进行变换。

三、数据归约

数据归约（Data Reduction）是指通过一系列处理，在基本保持原始数据完整性的基础上，减小数据规模的过程。数据归约的目的是提高数据分析、挖掘效率。

数据归约主要包括维归约（Dimensionality Reduction，属性取值层面的归约）和数量归约（Numerosity Reduction，元组层面的归约）两种类型。其中，维归约是指减少所处理的随机变量或属性的个数，常用方法有离散小波变换、主成分分析和属性子集选择三种方法；数量归约是指用替代的、较小的数据表示形式替换原数据，常用方法有回归、对数线性模型和直方图、聚类、抽样和数据立方体聚集等方法。以下简单介绍主成分分析。

主成分分析（Principal Component Analysis，PCA）是将多个变量通过线性变换，选出较少个数的重要变量的一种多元统计分析方法，它研究如何通过少数几个主要的成分来揭示多个变量的内部结构，即从原始变量中导出少数几个彼此间互不相关的主要变量，使它们尽可能多地保留原始变量的信息。

举一个简单的例子，以电影评分为例，每个电影具有多维度特征，例如，可以设定一个电影的特征为导演是否为冯小刚、张艺谋、徐克，演员是否为葛优、巩俐、成龙，用6个维度特征来表示一部电影。但是这其中有部分维度，对大多数影迷来说可能是重叠的，例如，冯小刚和葛优这两个特征可能代表喜剧片，张艺谋、巩俐代表剧情片，而徐克、成龙代表功夫片，因此原来的6个维度可以仅用3个维度就可以大致保留原来的信息。从这个例子可以看出主成分分析的核心思想，即用较少的特征去表示一个较复杂的信息。

具体而言，主成分分析的输入是一组特征向量，每个向量代表一个实体（如电影），向量的每一维特征是预设的特征（如导演是否为冯小刚），大量的向量组成一个矩阵。主成分分析的结果是对这个矩阵的一种降维表示，即形成一个低维度的矩阵，这个矩阵一方面尽可能保留了原始矩阵的信息，但是维度降低了，更容易处理。

主成分分析的核心方法是矩阵的特征值分解。对输入矩阵做特征值分解，可以得到多个特征值和特征向量（喜剧片、功夫片），每个特征向量就是降维后的新的特征。这些特征值和特征向量组合起来还能恢复原始的矩阵，但是这些新的特征在组成矩阵的过程中贡献量并不相同，有些特征向量权重较高，贡献较大，而有些特征向量贡献较小。因此，主成分分析的主要任务是识别那些贡献权重较高的特征向量，识别的方法主要是基于方差的思想，即保持矩阵中对方差贡献最大的特征。具体选择多少个特征一般由人工设置一个权重阈值来加以控制。需要注意的是，我们使用喜剧片、功夫片作为例子来说明降维后的特征，然而在实际主成分分析时，所得到的特征通常是抽象的，特征的具体含义是由人通过分析得出的，有时会不完全精确。

第四节　大数据的挖掘技术

大数据挖掘的技术包括基本的统计学技术（方差分析、回归分析和时间序列分析等）、关联规则挖掘技术、分类挖掘和聚类挖掘技术等。此外，为了适应大数据环境下数据量巨大的特点，通常要使用分布式计算技术来进行数据的挖掘。

一、基本的统计学技术

基本的统计学技术包括数据特征分析及图表表示、参数估计、假设检验、列联分析、方差分析、回归分析和时间序列分析等，这里主要介绍方差分析、回归分析和时间序列分析等在大数据分析中常用的分析技术。

（一）方差分析

方差分析（Analysis of Variance，ANOVA），又称变异数分析或 F 检验，它是一种将数据分组，再分析各组数据之间有无差异的方法。例如，一个图书电子商务网站的购买记录中，记录了用户的购买行为，数据包括用户的学历及其购买图书的数量，现要分析购买者的学历是否会对图书购买数量产生影响，也即不同学历的用户购买图书的数量是否有差异，就可以使用方差分析方法。

方差分析的基本步骤如下：

第一步，数据分组。将采集到的数据按要研究的问题加以分组。以上述图书购买行为分析为例，如果要分析本科学历、硕士研究生学历以及博士研究生学历对图书购买数量的影响，就应将网站的图书购买数据按用户学历分组。

第二步，建立假设。存在着正反两种假设，一种假设是数据组之间没有差异，另一种假设是数据组之间存在差异。通常将无差异的假设作为原假设，记为 $H0$，将有差异的假设作为备选假设，记为 $H1$。

第三步,计算组内均方差 MSE。组内均方差反映了分组数据中每个个体数据偏差程度即组内差异,组内均方差 MSE 的计算公式为:

$$MSE = \frac{\sum_{i=1}^{k} \sum_{j=1}^{n_i} (x_{ij} - \overline{X}_i)^2}{n - k}$$

其中,k 为数据分组数,n 为数据的总个数,n_i 为第 i 个数据分组中的数据总个数,$\overline{X}_i$ 为第 i 组数据分组的数据均值,x_{ij} 为第 i 个数据分组中第 j 个数据值。

第四步,计算组间均方差 MSA。组间均方差反映了因数据分组所造成的数据偏差程度即组间差异。组间均方差 MSA 的计算公式为:

$$MSA = \frac{\sum_{i=1}^{k} n_i (\overline{X}_i - \overline{\overline{X}})^2}{k - 1}$$

其中,$\overline{\overline{X}}$ 为数据总体均值。

第五步,计算检验统计量 F 值。F 值为组间均方差与组内均方差之比,它用来反映组间差异是否显著大于组内差异,也就是说,如果组间差异显著大于组内差异,则意味着数据分组会对数据本身产生影响,否则,数据分组对数据本身没有影响。F 值的计算公式为:

$$F = \frac{MSA}{MSE}$$

第六步,推断结果。查阅 F 值分布表,对于给定显著水平 α(一般取0.05),将计算 F 值与 F 值分布表中 $F_\alpha (k-1, n-k)$ 进行比较,如果 $F > F_\alpha$,这说明组间存在差异,否定原假设 $H0$,接受备选假设 $H1$。否则,接受原假设 $H0$。

(二) 回归分析

回归分析(Regression Analysis)是确定两种或两种以上变量间相互依赖程度(自变量与因变量之间的因果关系)的一种统计分析方法。回归分析按照涉及自变量的多少,可分为一元回归分析和多元回归分析;按照自变量和因变量之间的关系类型,可分为线性回归分析和非线性回归分析。

回归分析有多种方法,最小二乘法回归和 logistic 回归是较为基础的两种回归方法。研究人员在两者的基础上提出了多种其他回归方法,包括:稳健回归(减弱或排除少数特异案例对回归分析的杠杆影响,以便取得绝大多数案例所反映的一般统计规律)、计数变量回归(计数变量是描述事件发生频数的变量，它与一般测量等级的定距变量有明显不同，在以计数变量作为因变量的研究中，采用专门的计数变量回归模型，可以取得有效而可靠的参数估计）、分层模型（将个体层次和集体层次的回归模型集成为一体化模型，以研究事物变化在宏观层次和微观层次的方式以及它们之间的互动方式）。

回归分析的基本步骤如下：

第一步，确定变量。明确预测的具体目标，即因变量，并找出其可供讨论的影响因素，即自变量。例如，在讨论学生成绩的影响因素中，学生成绩是因变量，用 Y 表示；其影响因素包括学生的智商、学生自己的努力程度、家庭的经济条件、学校教学水平等，这些都是自变量，用向量 $X = \{x_1, x_2, \cdots, x_n\}$ 表示这些自变量的集合，其中每一个分量代表其中一个自变量，n 为自变量的个数。

第二步，建立回归方程。依据自变量和因变量的特征选择合适的回归方法，确定了回归方法也就确定了回归方程。

以线性回归方法为例，其回归方程一般可以表示为：

$$Y = k_1 x_1 + k_2 x_2 + \cdots + k_n x_n + b$$

其中 x 为自变量，k 为相应自变量的权重，b 可以理解为一个常数自变量的权重，回归分析的目的就是要确定这些权重（也称回归系数）。

第三步，回归方程求解。通过历史数据运用合适的回归方法对第二步中的回归方程进行求解，确定回归系数，也就是 k 和 b 的值。

第四步，相关系数计算及回归模型优化。回归分析是对具有因果关系的影响因素（自变量）和预测对象（因变量）所进行的数理统计分析处理。只有当变量与因变量确实存在某种关系时，建立的回归方程才有意义。在求得回归系数后，还需要对回归模型进行优化，一种较为简单的方法是删除那些权重较小的回归系数，即删除那些比较小的 k，这些 k 在方程中发挥的影响较小。例如，在学生成绩这个例子中，如果家庭经济条件与学生成绩之间的相关系数很低，则认为家庭经济条件对学生成绩没有影响，可以将此自变量删除，并对优化后的模型重新求解回归系数。

第五步，模型分析与预测。对优化后的模型进行分析，确定各自变量对因变量的作用，比如，确定学校的教学质量对学生成绩的影响；最后，进行回归分析的目的是对结果进行预测，将任何一组因变量输入得到的回归模型，即可得到分析结果。以学生成绩为例，输入一组已知的学生的智商、学生自己的努力程度、家庭的经济条件和学校教学水平等数值，可以得到一个预测的学生成绩。

（三）时间序列分析

时间序列分析（Time Series Analysis）是一种动态数据处理的统计方法。时间序列，是指同一现象在不同时间上的相继观察值排列而成的序列，例如，近十年每年的国内粮食产量数据就可以看作是一组时间序列数据。基于时间序列数据所做的预测、统计等分析均属于时间序列分析。

一般而言，时间序列分析关注 4 种类型的变化规律，分别是长期趋势、季节性变动、周期性变动和随机影响。长期趋势是指研究对象在较长一段时间内呈现出有某种稳定的趋势，例如，粮食产量逐年递增即属于一种长期趋势。季节性变动是指研究对象随着时间变化呈现重复性的变动规律，例如，香山作为一个旅游景点，每年秋季枫树叶变红的时候，其人流量会达到当年的顶峰。周期性变动是指研究对象呈现非固定长度的周期性变动，周期可能会持续一段时间，但与长期趋势不同，它不是朝着单一方向的持续变动，而是呈现涨落相同的交替波动，例如，某些股票的涨跌情况，涨跌周期受经济环境的影响，其长度不稳定。随机影响是指研究对象随着时间推移呈现不规则的、随机的变化。

时间序列分析的基本步骤如下：

第一步，数据获取。用观测、调查、统计、抽样等方法取得被观测对象随时间变化而产生的数据。

第二步，制作动态图。以时间作为横坐标，以研究对象在相应时间的数值作为纵坐标，将数据标记在坐标图中，并按时间顺序将相邻的数据用线连起来，形成动态图。动态图能显示出变化的趋势和周期，并发现跳点和拐点。例如，在研究某一天北京的交通拥堵状况时，以某一地点为例，以时间为横轴，拥堵程度为纵轴，制作动态图，早上的拥堵程度持续上升，上午 8：30 达到最大值，之后拥挤程度逐渐下降，下午 4：05，由于出现车祸，突然出现交通极度拥堵状况，十几分钟后，恢复到正常水平，其中，上午 8：30 对应的数据点为拐点，下午 4：05 对应的数据点为跳点。

第三步，选择适当的模型。对于当前数据，选择一种适当的时间序列模型来描述这些数据。可以选择的时间序列模型主要包括：指数平滑模型（Exponential Smoothing Model），该模型描述时间序列数据的变化规律和行为，不考虑影响因素；自回归积分滑动平均模型（Auto Regressive Integrated Moving Average Model，ARIMA），该模型描述时间序列数据的变化规律和行为，它允许模型中包含趋势变动、季节变动、循环变动和随机波动等综合影响因素。

第四步，模型求解并得出结论。对第三步中建立的模型进行求解，得到模型中的参数，利用这些参数对时间序列关注的四种变化规律进行解释。

二、关联规则挖掘技术

关联规则挖掘技术是指发现数据集中隐藏的新知识的技术。最典型的案例是沃尔玛超市的物品摆放方案问题。通过对消费者的购物清单（销售日志）的挖掘，沃尔玛超市发现的啤酒和尿布的经典案例即是代表。

（一）关联规则挖掘过程

关联规则挖掘使用支持度和置信度来表示事物之间的关联度。关联规则挖掘过程大体可以分为预处理、通过最小支持度控制筛选频繁数据项集（大于最小支持度的数据项集称为频繁数据项集）以及通过最小置信度筛选强规则三个步骤，最后将强规则中的"常识"排除，剩下的强规则为有趣规则，也可称为新知识。关联规则流程如图3—5所示。

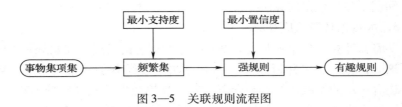

图3—5　关联规则流程图

（二）关联规则算法

1. 经典算法

关联规则算法主要是解决关联规则中候选集筛选的问题。目前公认经典关联规则算法包括Apriori算法和以AprioriTid算法与AprioriHybrid算法为代表的Apriori算法。这类算法的主要思想是利用先验知识，通过标记等手段，减少了对整个数据库的扫描次数和范围，从而提高效率。

2. 新算法改进

Apriori算法的最大优点就是思路比较简单，但缺点是需要对事务集进行多次扫描，效率较低。为此，学者们进行了大量的研究工作，提出了一些优化方法，优化方法主要从以下三方面进行了改进：

第一方面，减少数据库的访问，为了解决Apriori算法访问数据库过多的问题，学者们提出FP – tree算法，该算法对数据库进行一次扫描之后，将整个数据库压缩到一棵位于内存的树中，并在内存中完成运算。FP－tree 算法显著提高了运算效率，但仅在数据量不超过内存容量时有效。

第二方面，使用抽样的方法对数据库进行简化，托伊沃宁（H. Toivonen）、庄（K. Chuang）、帕塔萨拉蒂（S. Parthasarathy）和曾（M. Tseng）等人利用抽样方法选取部分数据进行关联规则挖掘，也得到了比较好的结果。不过，样本和总体数据终归是有区别的，如果样本与总体差异过大，挖掘结果同样可能会出现较大的偏差，这是抽样方法最主要的缺点。

第三方面，并行处理，代表算法包括 FDM 算法、DDM 算法、DAA 算法和 Partition 算法等。

除以上三个方面外，关联规则算法的研究还包括新方法、新数据结构的应用以及不同数据区分方面的讨论，形成的主要算法包括 DHP 算法（哈希剪枝法）、DLG 算法（基于关联图的频繁集筛选算法）、AVM 算法（基于关联矩阵的频繁集筛选算法）和改进矩阵分类索引算法的关联规则算法和基于加权数据的算法。

3. 大数据环境适应算法

随着云计算、分布式和大数据等技术和理念的发展，关联规则算法顺应了这一趋势，在"并行处理"的新算法中已经有了分布式雏形，算法后续也有一定的发展，如基于分布式的大规模数据关联规则挖掘算法等。这些算法主要针对大数据数量大、分布式存储的特点进行了改进。

三、分类挖掘技术

在数据挖掘中，分类挖掘技术是指根据对象的某种性质，按照一定的规则将对象划归到不同类别中的分析技术，其中所说的类别是事先设定好的，分类目标是使得性质相同或相近的对象归入到同一个类别中，性质不同的对象被区分开来。以新闻分类为例，按照新闻报道的内容，可以将新闻分为政治、经济、文化、体育、娱乐等几类，对于任何一篇新闻稿，均可根据它报道的内容，将其归入相应的类。

分类挖掘的技术有 K－最临近分类法、决策树分类方法、朴素贝叶斯分类方法、神经网络方法、基于事例的推理方法、遗传方法、粗糙集方法、模糊集方法、基于关联规则的分类方法、支持向量积分类方法和基于深度学习的分类方法等。这里简要介绍 K－最临近分类法和决策树分类方法。

（一）K – 最临近分类法

K – 最临近分类法也称 KNN 方法（K – Nearest Neighbor），是一种基于实例的分类方法。其基本思想是：对于待分类的数据，在某些已经事先分好类的数据（称为训练数据）中找到与其最相似（距离最近）的 K 个数据，根据这 K 个数据所属的类别情况，决定待分类的数据要归入的类，简单地说，如果这 K 个数据中的绝大多数属于类别 C，就将待分类的数据归为 C 类。

（二）决策树分类方法

决策树是一种基于树形结构的预测模型，每一个树形分叉代表一个分类条件，叶子节点代表最终的分类结果。决策树算法分为两个步骤，第一步，根据训练数据建立一棵决策树，第二步，根据已建立的决策树对所想要分类的数据进行分类。训练决策树的算法有很多，常用的有 ID3、C4.5 等算法。

图 3—6 概略地显示了决策树分类方法的决策过程。其中根据天气（晴天、阴天、雨天）、温度（高于 25℃、低于 25℃）等因素，将户外旅行的决策分为两类：出行和不出行。对于给定的"今天的天气很好，最高气温 23℃，阳光灿烂"这一数据，可以根据决策树分类到"出行"这一类别中。分类过程是："今天的天气很好，最高气温 23℃，阳光灿烂" →（阳光灿烂 = 晴天）→（最高气温 23℃ = 气温低于 25℃）→出行。

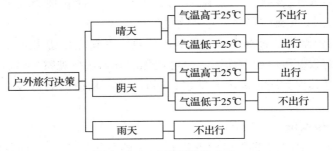

图 3—6　决策树分类方法

决策树分类方法的优点在于易于实现，决策时间短，并且适合处理非数值型数据。缺点在于决策树的质量会影响分类效率。从图 3—6 中可以看出，决策树分类的过程是对决策树进行搜索的过程，对一个数据分类，实际上是根据该数据的属性来搜索决策树，找出与其属性相符的路径，从而决定该数据最终会到达哪个叶子节点，即该数据属于哪一类。如果事先构建的决策树分叉很多，极端情况下每个叶子节点中只包含一个实例，尽管能达到100%的分类正确率，但显然这样的分类是没有意义的；又或者，事先构建的决策树有非常深的深度，从根节点到叶子节点的路径非常长，这就会导致分类过程的时间开销增加。因此，决策树本身会对分类效率和效果有很大影响。

四、聚类挖掘技术

聚类挖掘技术与分类挖掘技术要完成的任务相似，都是要对数据做分类处理，但其与分类挖掘技术按照事先给定的类别对数据归类不同，聚类挖掘技术没有预先设定的类目，完全是根据数据本身性质将它们聚合成若干个类别。在聚类过程中要求同一类内数据内容的相似度尽可能大，而不同类之间的数据内容的相似度应该尽可能小。

聚类挖掘技术包括划分法、层次法、密度法、网格法、模型法、闭包法、布尔矩阵法、K-均值聚类法等。这里简要介绍 K-均值聚类法、层次法以及密度法。

（一）K-均值聚类法

K-均值（K-means）聚类法，是一种基于距离的聚类方法，其基本思想是，将具有 N 个对象的数据集合，以各数据之间的距离为判断指标，划分为 K 个类别，使得同种类别中的对象相似，而不同类别中的对象相异。K 的选取可以是随机的，也可以结合其他方法进行选择，例如，画出散点图，直观观察类别数。

K-均值聚类法具有简单、快捷的优点，其缺点在于 K 值的选择，三维及以下的数据可以通过作图，以可视化的方式进行观察确定，超过三维之后要依靠其他方法来确定 K 的值；同时，K-均值的运行效率依赖初始值的选择。

（二）层次法

层次法是对给定的数据对象进行层次的分解，直到某种条件满足为止，最终得到一个聚类结果。按照层次的形成方式，层次法可以分为凝聚的层次聚类法和分裂的层次聚类法。

凝聚的层次聚类法也称为自底向上的方法，开始时把每个数据对象看作一个类别，然后计算对象或类别之间的距离，将距离相近的对象或类别合并成新类别，直到所有类合并成一个类别（层次的最上层），或者达到终止条件。凝聚的层次聚类法的流程如下：

第一步，将数据对象集合中的每一个对象都看作是一个类别。

第二步，计算对象或类别之间的距离。

第三步，将距离最小的两个对象或类别合并成一个新类别。

第四步，再次计算对象或类别之间的距离。

第五步，重复第三步或者第四步，直到合并成一个类别或者满足设定的终止条件为止。

分裂的层次聚类法也称为自顶向下的方法，开始时把所有数据对象都置于同一个类别中，然后计算对象与对象之间的距离，将距离相隔最远的对象分裂出来，形成新的类别，直至达到预期的类别数量或者达到其他终止条件为止。分裂的层次聚类法的流程如下：

第一步，将数据对象集合中所有对象都看作是一个类别。

第二步，计算一个类别中对象与对象之间的距离。

第三步，根据对象与对象之间的最远距离，将最远距离的数据对象分裂成一个新的类别。

第四步，再次计算类别中对象与对象之间的距离。

第五步，重复第三步或者第四步，直到分裂成规定数量的类别或者满足设定的终止条件为止。

在层次聚类方法中，凝聚的层次聚类法比较常用。

层次法优点在于实现简单，因此被广泛应用于聚类挖掘的各个领域，缺点在于一旦某个节点被划分为某一类，则不能修改，因此会影响聚类划分的质量。

（三）密度法

由于 K－均值聚类法、层次法等聚类方式往往使聚类结果呈现球状结构，因此对于特殊形状的数据集效果不佳，为了解决这个问题，研究人员提出了密度法。密度法的思路是将类别看作数据空间中由低密度区域分割而来的高密度区域。因此，密度法的抗噪性能比较好，可以发现任意形状的类别。

密度法的优点在于可以针对不同形状的样本数据进行聚类，并且可以事先不知道要划分聚类的数目，同时能够识别噪声点。缺点在于受到给定对象半径及其最小数据点数量的影响较大，容易导致聚类数量过多或者过少。

五、分布式计算技术

分布式计算技术是为了应对大规模数据分析任务而出现的计算方式。

分布式计算技术，即将多台计算机通过网络连接起来，它们相互配合，完成单台计算机无法完成的超大规模的计算任务。在运算时，首先将需要计算的数据分割成若干部分，交由多台计算机分别计算，然后将各计算机的计算结果进行汇总，形成最终的计算结果。

分布式计算技术并不是大数据时代才出现的新技术，实际上该技术在大数据概念提出之前就已经出现了。分布式计算最早被应用于科学研究领域，如气候研究、地外文明研究等，这些研究通常需要大量的数据运算能力。在早期，只有少数研究机构可以拥有这样的运算能力，主要原因是提供这样能力的超级计算机造价昂贵。在这种情况下，有科学家提出，可以利用普通用户的家庭计算机的空闲资源进行运算。由此，科学家将大型计算任务划分为小的计算任务，任何愿意支持科学研究的普通用户都可以下载相应的任务和运算程序，然后在本地实现运算，最后再将结果返回。由于这类分布式计算需要将数据和计算过程转移到普通用户的计算机，数据安全性和运算效率都无法保证。为了解决大规模数据的高效、安全运算问题，谷歌公司的研究人员提出了一种新的分布式计算架构。该架构将运算交给本地的计算机集群，集群中的每一台计算机都是廉价的普通计算机，这些计算机被称为节点。传统分布式计算中需要使用超级计算机才能实现的计算，在这种架构下，通过简单添加普通的计算机就可以实现任意规模的计算。

伴随着新的分布式计算架构的出现，谷歌的研究人员提出了一种新的计算编程模型，即 MapReduce 模型。这里以计算词频为例，简要说明 MapReduce 的优势。假设"词频统计"的目的是统计近十年计算机科学领域发表的论文所用单词的频率，可以通过以下几种方法实现：

1．单机程序运算

首先维持一个词的频率表，设所有词的默认频率为 0，遍历全部论文，每遇到该词则在频率表上相应的位置将频率增加 1。该方法简单易行，当论文数量少时是非常有效的。然而，通常传统机械硬盘的读取速度是整个计算机的运算瓶颈，当将大量论文读入计算机时，硬盘读取速度会拖慢运算速度，导致 CPU 使用率过低。此外，假如需要读取的文件数超过了当前的硬盘存储容量，则该方法无法完成计算。

2．简单分布式运算

将程序分别部署到多台计算机上，然后把要处理的论文分成相应的几个部分，假设当前共有 3 台计算机可以参与运算，则需要将论文分成 3 部分，每台计算机处理其中的一部分论文，最后将多台计算机的运行结果进行整合。多台计算机同时处理论文，可以同时利用多台计算机的运算和存储资源，显然可以提高运算效率。这是一种分布式计算的思路，但将程序和数据简单分布到多台计算机中进行运算需要大量的人工部署，费时费力。

3. 基于 MapReduce 的运算

MapReduce 是应对大规模数据运算的需求而提出的一种分布式计算典型的编程模型。MapReduce 解决了大规模数据分析的自动分布式处理问题。

该计算模型包括 Map（映射）和 Reduce（规约）两个阶段，每个阶段所处理的输入数据以及输出数据形式均为"键—值"对。对于任何一个 MapReduce 程序，其 Map 阶段通常进行数据的预处理或简单运算，Reduce 阶段将 Map 运算的结果进行聚合，形成新的结果。

一个标准的 MapReduce 系统架构通常包括一个主控节点和多个数据节点，其中主控节点主要起调度作用，数据节点存储具体的数据并参与执行实际的运算任务。由于需要存储数据，因此，一般 MapReduce 系统都会实现一种分布式存储系统。

在实际应用中，首先需要将数据上传至分布式存储系统，这些数据会被自动分配到不同的存储节点。然后用户编写 MapReduce 程序，包括一个 Map 函数和一个 Reduce 函数。最后将这些程序上传至 MapReduce 系统，系统会自动将程序分配到存储数据的节点并执行。

分布式计算流程如图 3—7 所示。

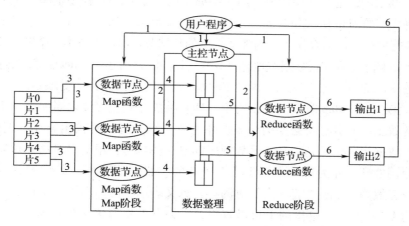

图 3—7　分布式计算流程图

　　分布式计算的流程包括上传数据、用户程序拷贝、Map 阶段、数据整理、Reduce 阶段、数据输出等步骤。图 3—7 中左侧的片 0、片 1、片 2 等代表的是分布式存储系统中存储的数据。当数据被上传到分布式存储系统时，这些数据会被按照预设的大小（如 100 兆字节）进行切割，切割后形成数据片，每一片的大小几乎相等，然后被存储到具体的数据节点。接下来以"词频统计"任务为例（下文称本例）来对这些步骤进行简要介绍。该任务的输入数据见表 3—1。

表 3—1　　　　　　　　　　词频统计案例：输入数据

键	值
1	This is a paper
2	That is not a paper
3	They are papers

　　第一步，上传数据。首先将数据上传至分布式处理平台，如上文所述，MapReduce 处理的数据形式为"键—值"对。当数据被上传后，分布式系统自动对其进行分片处理，并存储到不同的节点上。本例中，以论文编号作为键，论文的内容作为值，数据见表 3—1。实际上，由于我们需要统计的是所有论文的词频，因此不需要对论文进行区分，即论文编号并不重要，在本例中可以使用任何值作为键，甚至可以使用空值。

　　第二步，用户程序拷贝。用户将编写的 MapReduce 程序上传，主控节点将程序的 Map 函数和 Reduce 函数自动复制到数据所在的数据节点。该步骤执行完后，所有存储了当前任务数据的数据节点上都上传了一个完全相同的 Map 函数，即实现数据本地化（Data－Local）。由于 Reduce 函数在这一步还不能确定其输入数据，因此 Reduce 函数的拷贝位置不受限制。

　　第三步，Map 阶段。在该阶段，Map 函数首先顺序读取当前节点中所有的数据，对其进行必要的处理，并生成"键—值"对输出。在本例中，输入数据为 3 个短句，Map 函数顺序读取这些短句，用空格对这些短句进行分词处理，并为每一个词生成一个新的"键—值"对，其中键为词条本身，值为 1。该"键—值"对的物理意义表示当前输出了一个词，其词频为 1。实际上，这里的 1 可以省略，因为既然所有输出的值都为 1，则输出与否不会影响具体运算。该步骤的输出结果见表 3—2。

表 3—2   Map 输出数据

键	值	键	值
this	1	not	1
is	1	a	1
a	1	paper	1
paper	1	they	1
that	1	are	1
is	1	papers	1

第四步，数据整理。即对 Map 函数的输出内容进行整理，需要做的工作是，将包含相同键的"键—值"对发送给一个独立的 Reduce 函数，该函数根据键对"键—值"对进行排序，本例中，包含相同词的键所代表的"键—值"对会被发送给一个独立的 Reduce 函数，排序后的数据见表 3—3。

表 3—3   排序后的数据

键	值	键	值
a	1	paper	1
a	1	paper	1
are	1	papers	1
is	1	that	1
is	1	they	1
not	1	this	1

第五步，Reduce 阶段。在这个阶段，每个 Reduce 函数（图 3—7 中 Reducer 阶段的数据节点）所接收到的"键—值"对所包含的键是一样的，Reduce 函数对这些数据做运算处理，并形成最终的输出。以接收到"a"单词作为键的 Reduce 函数为例，其接收到的数据见表 3—4。接收到这些数据后，Reduce 函数计算当前输入了多少个键值对，表 3—4 中一共有 2 个键值对，因此，Reduce 函数算得"a"的词频为 2。至此 Reduce 阶段计算完成，该 Reduce 函数输出数据见表 3—5。

表3—4 单一Reduce函数的输入数据

键	值
a	1
a	1

表3—5 单一Reduce函数的输出数据

键	值
a	2

第六步，数据输出。汇总所有Reduce函数处理的结果，将其输出，整个MapReduce计算结束。本例最终输出结果见表3—6。

表3—6 Reduce函数的输出数据

键	值
a	2
are	1
is	2
not	1
paper	2
papers	1
that	1
they	1
this	1

本章思考题

1. 大数据处理的目的和基本任务是什么？
2. 大数据的分类挖掘和聚类挖掘的主要差异是什么？
3. 数据仓库具有哪些特征？
4. 情景分析题：

社会化媒体（Social Media）是指允许人们撰写、分享、评价、讨论、相互沟通的网站和技术，是人们彼此之间用来分享意见、见解、经验和观点的工具和平台。微博作为社会化媒体的典型例子，在人们的生活中扮演着越来越重要的角色。

根据以上资料，结合本章所学知识，回答下列问题。

（1）如何评价微博的影响力？

（2）如何进行微博数据采集？请给出至少两种数据采集方式，并比较两者之间的差异。

（3）探讨哪些因素可能影响微博的传播，并分析挖掘微博传播的影响因素。

第四章
大数据的管理

本章导读

　　本章通过介绍数据的再利用、数据重组、数据扩展、数据估值、数据折旧和数据废气的相关理论，梳理了大数据的数据创新方式，并结合其在当前商业运营和管理中的成功案例，帮助专业技术人员了解数据创新的巨大商业价值，并应用到具体的工作实践中。

第一节　大数据的生命周期管理

　　当前，社会各界已经充分认识到大数据的价值并努力通过各种手段从不同角度去挖掘大数据的价值。大数据的生命周期管理能够实现数据存储和利用的动态化管理，通过对数据价值的评估而制定不同的管理策略，从而提高数据资源的利用率和可用性。

一、数据生命周期管理及其阶段划分

　　数据生命周期管理（Data Life Cycle Management）来源于信息生命周期管理（Information Life Cycle Management）。信息生命周期管理的理念是由美国存储公司 Storage Tek 于 2002 年提出来的，其基本思想是，信息是

有生命的，处于不同阶段的信息应为组织提供不同的价值，因此应该对信息进行贯穿其整个生命的管理，包括从创建和使用到归档和处理。此后，IBM、HP等公司又进一步提出了信息生命周期管理解决方案，信息生命周期管理的思想开始被学界和业界所接受。从本质上说，数据生命周期管理是信息生命周期管理的深化和扩展，尽管到目前为止，还没有一个统一的数据生命周期管理的定义，但对数据生命周期管理的核心的认识却基本上是一致的，也就是：数据从产生到被删除销毁的过程中，具有多个不同的数据存在阶段，在每一个阶段上，数据的价值是不同的，数据生命周期管理就是要在数据存在的不同阶段，根据数据价值的不同而采取不同的管理策略，使数据在每一个阶段均能产生最大的效益，同时又能降低组织利用这些数据所需要的成本。

与信息生命周期管理不同，数据生命周期管理更强调数据对于组织的重要战略意义，在数据创建到最终消亡的生命周期中，数据利用者应根据数据价值的变化对数据进行动态管理，提升数据服务水平与数据使用效率，从而实现降低成本、提高效率的目标。在数据生命周期管理实践中，数据存储和备份规范是保障和基础，数据管理和维护是执行方法，通过高效的数据管理和维护，不断提升数据服务水平，使数据的价值得到最大化利用。

图4—1是大数据的数据生命周期管理的阶段构成示意图，正如一个人从少年到老年一样，组织中的数据也要经历从创建、修改、复制、分发、保护、恢复、归档与召回，到最终被删除这样一个生命周期。大数据的数据创新可以让已经变为"老人"的数据继续发挥余热，创造新的价值。也就是说，当数据的首要价值被发掘后，通过数据重组、数据扩展、数据再利用等方法可以继续挖掘出数据的潜在价值，获得数据带来的源源不断的新价值。

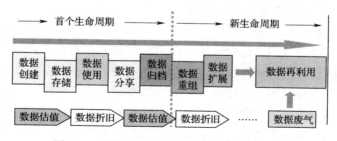

图4—1 数据生命周期管理阶段构成示意图

从图4—1中可以看出，首个生命周期从数据创建开始，包含数据存储、数据使用、数据分享和数据归档几个方面；在数据的新生命周期中，数据重组和数据扩展是实现数据再利用的重要方式。

在生命周期的每一阶段，数据估值与数据折旧始终交替贯穿在整个大数据的数据生命周期中，不断根据估值的结果调整数据折旧率。依据数据相对于组织的价值来管理数据不仅能保证数据的循环可用性和实效性，满足组织内部业务需求，又能降低数据存储系统的成本。

同时，与现实生活中只能给环境和人们带来祸患的工业废气不同，"数据废气"仍然可以变废为宝，如同其他可回收材料一样被循环使用，继续发挥价值，实现数据的再利用。

二、大数据生命周期管理的意义

运用大数据生命周期管理的思想来管理数据，可以为组织带来巨大的效益，主要反映在"提高数据的使用效率""最大限度地利用数据的价值""降低数据使用的成本"三个方面。

（一）提高数据的使用效率

数据生命周期管理实质是对组织中的所有数据进行的一种分类管理，它根据组织的特性，按照特定的"保存规则"对数据加以组织，在整个数据生命周期中对数据进行动态智能化管理，提高数据的使用效率。比如，一些企业将数据分为五个层次：至关重要的数据、关键业务数据、可访问的在线数据、近线数据和离线数据，并根据不同的层次，制定数据管理标准，投入不同的数据分析人力和数据维护成本。其中，至关重要的数据和关键业务数据是企业的核心竞争力，这些数据是数据再利用的主要数据来源，因而数据利用者应着重对这两类数据进行重组和扩展，延长它们的生命周期。

（二）最大限度地利用数据的价值

在大数据时代，数据价值不仅体现在它的基本用途方面，还体现在其更大的潜在用途方面，这会影响一个组织评估其拥有的数据及访问方式，促使组织改变自身的业务模式，改变组织看待和使用数据的方式。例如，在企业的现实环境中，存储有大量的运营数据，这些运营数据无疑是大数据分析的重中之重。同时，以往不太受到重视的系统运行数据和备份数据也会发挥出巨大的作用，这些数据中的宝藏也亟待挖掘，在企业各个层级中得到运用。

（三）降低数据使用的成本

组织可以根据数据的价值对其进行管理，这些规则通常包括时间与访问频率、事件等组合形式。采用数据生命周期管理技术可以建立分层存储环境，这些分层规则对组织具有多方面的好处。在整个数据生命周期中对数据进行智能化管理，可以释放出更多的可用存储空间，整合或折旧很少被访问或根本不被访问的数据，提高组织内应用软件的性能，降低存储资源的成本，最终为组织带来更大的效益。

大数据的数据生命周期管理能够实现数据存储和利用的动态化管理。企业通过对数据价值的评估而制定不同的管理策略，使具有现时价值的业务数据突出出来，并通过对无用的数据进行有效折旧，提高数据资源的利用率和可用性。

第二节　数据的再利用

信息技术的飞速发展，极大地便利了数据的收集，大量信息可以被廉价地捕捉和记录；同时，数据的存储成本也在大幅度下降，可以说，保存数据比丢弃数据更加容易。这些条件都成为大数据时代数据再利用的重要前提和保障，专业技术人员需要做的是运用自己的创造力和新工具来释放数据的潜在价值，寻找数据之间的新联系。

一、数据再利用的概念及其特征

数据再利用的概念可以这样理解：组织中为某个特定目的而生成的数据，被重新使用在另一个目的上，数据从其基本用途扩展到了二级用途、三级用途甚至 n 级用途上，这使得数据随着时间的推移变得更有价值。数据利用者需要做的是不断地借助各种方法和技术寻找数据的"潜在价值"。例如，对于一个企业来说，客户数据、行业数据是其最宝贵的资源，如果能将这些数据从一个业务领域向另一个业务领域进行扩展和再利用，就能发挥数据低成本复制和增值的价值，为企业带来经济效益。

数据之所以可以再利用，主要在于它具有可被再利用的特性，包括增值性、非竞争性和整合性。

（一）增值性

在大数据时代，数据在完成其基本用途后，还可以转化为未来的潜在用途，数据的全部价值远远大于其最初的使用价值。这意味着只要组织对数据加以有效的再利用，数据首次使用后的每一次使用都会不断地给组织带来新的价值。

（二）非竞争性

经济学中的"非竞争性"是指个人的使用不会妨碍其他人的使用。而数据正符合这种特征，只要是合法合理的条件下，不同的人或不同的组织都可以使用数据来达成自己的目的。也就是说，数据不同于物质性的产品，它的价值不会随着它的使用而减少，而是可以不断地被处理。数据的非竞争性使得数据的价值不限定在唯一的用途上，而是可以多次地被不同的部门、为不同的目的使用，而且，这种使用不会影响到他人的利益。

（三）整合性

大数据的数据类型繁多，而且，相对于以往以数值数据为主的结构化数据，非结构化数据越来越多，网络日志、音频、视频、图片、地理位置等多元数据都对组织的数据处理能力提出了更高要求。通过数据集成技术，将这些来源不同、结构不同的数据整合在一起，形成可以面向多种应用的数据集合，可以使得大数据发挥出强大的预测和分析作用。

二、数据再利用的意义

大数据的价值在于分析与使用，数据的再利用也成为大数据时代数据使用的关键，组织想要充分开发利用数据的价值，就必须具有数据再利用的思维，掌握数据再利用的方式方法。概括地说，数据再利用对于一个组织的意义在于三个方面：一是挖掘数据的潜在价值，二是实现数据重组的创新价值，三是利用数据可扩展性拓宽业务领域。

（一）挖掘数据的潜在价值

在大数据应用背景下，数据存储成本的日益降低、数据分析技术与工具的飞速发展以及组织"大数据观"的建立，为组织进一步充分挖掘过去不被重视或无法处理的数据提供了条件。大数据蕴藏的巨大"潜在价值"会得到最大程度的挖掘，从而为组织的客户服务、产品创新和市场策略提供决策支持。

（二）实现数据重组的创新价值

互联网的发展使得现代组织不再可能孤立的发展，组织间信息和数据的共享重组已经成为合作的常态。例如，越来越多的企业开始注意到数据重组为自己带来的巨大价值，从网站数据、移动终端数据、电子商务记录、企业微博等不同渠道的数据中探寻内在关联关系，通过数据融合的方法再次整合数据，开发数据的创新价值。

（三）利用数据可扩展性拓宽业务领域

客户数据、行业数据对于组织来说是重要的战略资源，如果组织能将这些数据从一个业务领域扩展应用到其他业务领域，就可以实现数据的可扩展功能，发挥数据的增值价值，扩宽企业的业务领域。

三、数据再利用的案例

通过数据再利用创造更多的价值的案例有很多，其中以协助书籍数字化工作的 reCAPTCHA 项目和预测性医学信息学相关的谷歌流感趋势最为典型。

（一）从辨识用户到协助书籍数字化——reCAPTCHA

reCAPTCHA 源自 CAPTCHA，CAPTCHA 的中文全称是"全自动区分计算机和人类的图灵测试（Completely Automated Public Turing Test to Tell Computers and Humans Apart）"，即"验证码"。CAPTCHA 由卡内基梅隆大学的教授冯·安（Luis von Ahn）设计，旨在防止垃圾注册或者垃圾评论。reCAPTCHA 作为 CAPTCHA 继任者在功能上进行了升级，它借助于人类对复杂字符的辨别能力，对古旧书籍中难以被 OCR（Optical Character Recognition，光学字符识别）识别的字符进行辨别，实现古籍的数字化工作。

reCAPTCHA 已被应用于 4 万多个网站，并辨别出了约 4.4 亿个字词。许多著名网站，如 Facebook、Twitter 等，都采用了 reCAPTCHA，每天都可以处理大约一百万个单词。

reCAPTCHA 不仅实现了"验证码"的作用，用户输入的内容又可以再一次地利用在古籍中模糊字符的识别上。reCAPTCHA 的工作流程如图 4—2 所示。

首先，被扫描的古籍由于自身损坏程度较大或印刷模糊等问题会含有一些机器无法识别的单词，这些单词被挑出来后进行字形扭曲和加上横线等处理。在作为验证码时，两个单词会一起出现在用户眼前，其中一个单词是已经被其他用户辨识正确的，如果这个"老词"被这个用户正确辨识，则证明该用户的确是真人而非机器爬虫，另一个单词则是有待识别的新词，等待用户进行识别。此外，为了保证准确率，系统会将同一个新词发给五个不同的人，直到这五个用户都对新词进行了识别，才根据这些用户的输入结果确定新单词的拼写。这样，每输入一次验证码，就为机器增加了一条新的识别规则，从而使得机器识别出一个新词。

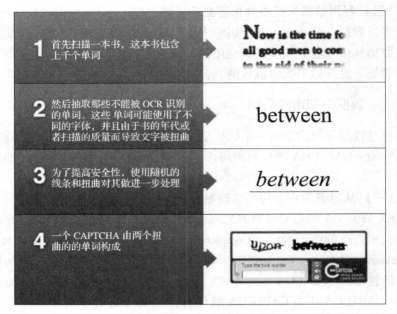

图4—2　reCAPTCHA 原理示意图

　　通过 reCAPTCHA 的案例可以看出，数据原本的主要用途是辨别提交信息的用户是否是人，而通过数据再利用则实现了辨识模糊词的功能，为书籍的数字化工作提供了新的便利，充分发挥了数据的潜在价值。

（二）关键词带来的预测性医学信息学——谷歌流感趋势（Google Flu Trends）

　　谷歌（Google）流感趋势项目利用了人们在网络上的搜索行为来展示流感的流行病学特征并预测流感趋势。在流感多发季节，人们会通过谷歌等搜索工具了解流感的爆发情况以及应对流感的一些措施。很显然，在这段时间里，如"流感""发烧""勤洗手""戴口罩""流感疫苗"等这些与流感相关的关键词会高频率地出现在搜索引擎中。同时，人们也会通过 Twitter 等社交工具反映本人或其朋友是否感染了流感，并发布与流感相关的信息等。谷歌利用这一现象，抽取与流感相关的关键词并对词频进行分析，从而预测流感的传播情况。

　　相对于传统的疾病监测系统，这种方法成本低廉而且能较早地预测流感的爆发。对比谷歌流感趋势 2004 年至 2008 年流感流行病数据与美国国家疾控中心的数据可知，两者的结果非常吻合。而获得谷歌流感趋势结果的成本要远远低于美国国家疾控中心的预测结果，后者是花费了相当数量的调研经费才取得的。谷歌在美国的九个地区做了测试，最后发现他们可以比联邦疾病控制和预防中心提前 7 到 14 天准确地预测流感的爆发。

预测性医学信息学（Predictive Medical Informatics）在未来必将有更大的发展空间，其重要性也将渐渐被人们认识到，谷歌流感趋势仅是个开端。

谷歌的搜索数据是具有巨大价值的分布式数据，大数据思维促使企业收集和再利用这些用户离散地创造的数据，并探寻原来小数据时代不会被发现的关联模式。虽然，对于噪音会破坏其模型精度的讨论一直存在，但这也促使谷歌的开发者们不断调整模型，寻找减少噪音的跟踪方法。即使存在一些质疑，谷歌流感趋势项目仍然被认为是大数据具备革命性潜力的典范，是大数据再利用的最前沿、最实际、最具应用前景的尝试。

无论是 Facebook、Twitter 这些社交平台将用户的信息存入到巨大的个人信息库中以待开发，或是电商企业通过整合网上搜索信息以寻找新一季的热卖款，又或是利用电动汽车的电池信息以确定充电站的最佳设置点，这一个个实例都在说明，专业技术人员应及时运用自己的创造力和新工具来释放数据的潜在价值，寻找数据之间的新联系。

第三节 数据的重组与扩展

一、数据重组

数据在被使用之后，可以再与其他数据重组形成新的数据集合，这种新的数据集合有可能比之前两个数据集的单个价值总和具有更大的价值，这就是大数据时代下数据重组的魅力。数据重组要求专业技术人员在工作中深刻了解每个数据集的内容和结构，掌握多源数据融合的方法，努力挖掘不同数据集之间的关联关系，从而探寻出更多具有实际价值的、新颖的数据模式。

（一）数据重组的含义

无论是政府还是企业，在应用大数据的过程中，最重要的是对已有数据进行整合和重组，通过重组，"老树"也可以"开新花"。也就是说，数据的价值并非来自于单个的数据值，而是从数据汇总中体现出来。有时，一些数据处于休眠状态，其数据价值要通过与另一个不同的数据集相结合才能释放出来，并创造出很多非常有意义的结果。

　　数据重组的概念可以这样理解：随着大数据的出现，数据的总和比部分更有价值，将多个数据集重组在一起时，重组后的数据总的价值比单个数据价值的总和要大得多。通过数据重组，数据的价值能达到"1＋1＞2"的效果。正是由于数据重组带来的巨大的增值性，许多企业和组织都在摸索将两个或多个数据集相融合的模式，最大可能地挖掘数据的潜在价值。

（二）数据重组的主要方法

　　大数据的一个重要特征就是数据类型繁多。半结构化和非结构化的数据的增多对数据的处理能力提出了更高要求，需要更多新方法和新技术对多源异构数据进行整合和分析。实现数据重组的关键是多源数据融合和数据集成，前者旨在解决大数据环境下数据的异构问题，后者则是大数据重组模式下价值提炼的关键。

　　1. 多源数据融合

　　大数据的来源包括但不限于网络访问日志数据、社交网络数据、智能终端数据、移动数据、视频采集数据、Web2.0环境下产生的用户数据，以及语音通话、传感器等自动采集的数据等。这些数据类型多样、结构复杂。面对这样的数据，多源数据融合方法是解决异构数据重组的重要方法。

　　多源数据融合研究如何加工、协同利用多源数据，把不同渠道、利用多种采集方式获取的、具有不同结构的数据汇聚到一起，形成可以面向多种应用的数据集合，并使不同形式的数据相互补充，以便进行综合处理。

　　多源数据融合是数据分析前的重要准备过程，对同型异源信息、异质异构信息，都需要通过异源信息字段的映射、拆分、滤重、加权等方法来进行融合。多源数据的优势在于它可以从不同视角反映人物、事件或活动的相关信息，将这些数据重组在一起并进行分析，以更全面地揭示事物之间的联系，挖掘出新的关联模式，从而为业务模式的制定、竞争机会的选择等提供有力的数据支撑与决策参考。

　　以电信业为例，运营商们现在主要的问题不在于没有数据或是数据量不足，而在于组合分析数据并将其转变成知识的能力相对较弱。最近，美国AT&T公司开始对外销售其客户的使用数据，这被视为利用大数据资源营利的一种尝试。AT&T公司对外销售的不是简单的原始数据，而是经过一定分析处理的数据，这就需要具备大数据的整合分析能力。

　　首先要做的就是把业务系统中产生的各类数据整合起来，比如将计费系统、资源系统等进行整合，再寻找数据间的相关性，识别真正有用的数据，排除数据废气的干扰。同时，用户隐私保护问题也要纳入考虑。最后，经过这一系列科学化处理之后的数据才能真正被称为大数据资产。

对于电信运营商来说，建立一个大数据的前期处理平台至关重要，在这个平台上可以整合来自不同业务运营部门分散的数据，进行数据清洗和转换，完成多源数据的融合。融合后的数据将以可以进行多维度分析的数据元组形式保存下来，进而被不断运用。正是因为如此，电信运营商十分重视建立适应大数据异构性的集成平台，基于平台开展数据整合工作，从而实现数据价值的最大释放。

2. 数据集成

数据重组强调数据共享，而在实施数据共享的过程当中，来自不同部门、不同用户的数据结构、数据格式和数据质量会有很大的差异，这就可能带来数据格式不能转换或数据转换后丢失信息等问题，严重阻碍数据的流动与共享。针对这一问题，就需要对数据进行有效的集成管理以增强数据管理竞争力。

现在，许多大型企业和政府部门都开始了信息化进程，而信息系统建设通常具有阶段性和分布性的特点，这就容易造成"信息孤岛"现象。"信息孤岛"会造成系统中存在大量冗余数据、垃圾数据，无法保证数据的一致性，从而降低信息的利用效率。

数据集成旨在解决"信息孤岛"的问题，其核心任务就是将互相关联的分布式异构数据源集成到一起，并维护数据源整体上的数据一致性，使用户能够以统一的方式访问这些数据源，提高信息共享利用的效率，实现数据重组的目的。

用户产生新的数据集成需求，而不同的数据则存储在不同的数据源中，通过数据集成技术可以将来自不同数据源的数据进行统一化集成处理，完成各种异构数据的统一表示、存储和管理的功能，这些功能在数据集成系统中实现，最后形成数据结果反馈给用户。图4—3是数据集成系统的模型。

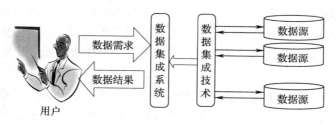

图4—3 数据集成系统模型

数据集成技术面临着如何适应大数据时代的数据需求复杂的问题，以及如何充分描述各种数据源格式以便进行发布和数据交换等难题。数据集成涉及多种计算机技术，如分布式对象技术、XML 技术、面向对象技术、SQL 扩充技术以及数据库访问接口技术等。数据集成系统需要将这些技术整合起来，从而使数据高效融合，消除"信息孤岛"，为组织带来数据的创新价值。

（三）数据重组的案例

丹麦癌症协会关于手机与癌症关系的研究以及美国的 LEHD 项目，是两个数据重组的成功案例，展示了数据重组的创新魅力。

1. 数据重组的医学贡献——丹麦癌症协会证明手机与癌症无关

在移动互联时代，手机渗透到人们的工作、学习、社交、娱乐等方方面面，全球现已有 60 亿部手机，在一些发达国家或发达城市中，"人手一机"或"人手多机"的情景比比皆是。这么多的用户共同担心的一个问题是，手机在给人们带来便利的同时，是否也会对人们的健康产生威胁？甚至一些报道声称，手机辐射会引起癌症。丹麦癌症协会基于以往收集的数据通过数据重组的方式就这个问题进行了研究，并给出了答案。

该研究以丹麦的 42 万手机使用者作为研究对象，搜集了这些对象 1982 年到 1995 年手机使用数据，同时，丹麦癌症协会还拥有丹麦所有癌症患者的信息。这项研究将这两类数据集相结合，并试图找寻两者之间的关系。研究发现，截止到 2002 年，这些使用过手机的 42 万丹麦人中有 14 249 人被确诊患癌症。根据流行病学的预测，这样的人口规模的癌症发生率应该有大约 1.5 万例，也就是说，使用手机的用户癌症发生率并没有明显高于流行病学预测的癌症发生率，这就意味着使用手机与癌症的发生其实关系并不大。特别是白血病、脑癌、神经细胞癌等以往被猜测与使用手机紧密相关的癌症，在手机使用者中的发病率也不比其他种类的癌症高。

通过这两个数据源的重组，丹麦癌症协会获得了一项人体健康领域的重要研究成果，即移动通信不会对人的健康产生隐忧。迄今为止，其他途径的研究也都表明这一结果，印证了丹麦这项基于大数据的研究具有科学性。

这种依靠数据重组的方式来进行科学研究的案例极具指导意义。尽管这项研究的规模很大，但数据都是非常规范的，两个数据集都严格按照医疗和商业的质量标准进行采集。最重要的一点在于，这两个数据集在多年前就都已经生成了，当时收集数据的目的也与这项研究毫无关系，而在多年后，经过数据重组，这些沉寂的数据依然可以焕发出新的光芒。

2. 政府数据重组的经典——美国 LEHD 项目

LEHD 全称为工作单位和家庭住址的纵向动态系统（Longitudinal Employer Household Dynamics Program），旨在整合美国的人口普查数据和全国各州的相关数据，为城市规划、社区建设、公交设置、商业选址等方面提供数据支持。在未建立这个项目前，这些数据是分散的。其中，普查部门掌握着全国每一个公民的年龄、性别、种族、住址等个人基本信息，但却没有他们的工作信息。而具体的工作单位的名称、失业保险、纳税记录等信息基本掌握在各个州政府手里，查询的难度之大可想而知。LEHD 项目的目的就是要重组联邦政府和州政府等多个部门的数据，可以说，这是一个真正的大数据项目。

图 4—4 是 LEHD 项目的数据整合框架。在该框架中，个人数据集来源于人口普查局和社会保障局，包含公民的年龄、性别、种族和个人住址，其中个人住址在工作职位数据集中也存在，这两个数据集通过"个人住址"这一字段相连接；工作职位数据集来源于州政府的劳工部门，包含失业保险、社会保险和报税记录等职位信息；工作单位数据集来源于州政府的劳工部门，包含行业类型、公司地址和公司职员数量等信息，其中以"公司地址"作为与工作职位数据集的连接字段。这样，三个数据集通过共有的数据项字段连成了一个整体，这个系统在一开始就有 60 多亿条记录。

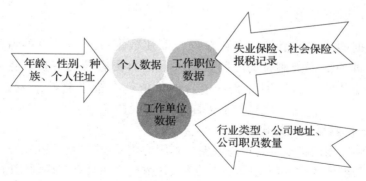

图 4—4　LEHD 项目的数据整合框架

通过数据重组后的 LEHD 查询平台，可以查询一个城市的工作人口和居住人口的情况，其强大之处在于实现了数据的多维粒度分析。该系统可以按照地区、邮编、选区、学区、人口普查片区等各层级对数据进行层层分析。这样，当一些突发事件发生时，就可根据这个系统给出的数据估算事发区域的人员情况，从而为救援提供决策支持。在服务机构选址上，一个区域的人员构成及其收入情况、消费水平等因素都是影响服务机构能否长远发展的重要指标，LEHD 也可以提供非常完善的数据。

2010 年，LEHD 项目又重组了国家气象局、联邦应急管理局、国家农业部、内务部四个单位的数据，推出了一项针对"公共应急管理"的新应用。该应用整合了暴雪、火山、暴雨、洪水、飓风等恶劣天气、自然灾害、人为灾害的实时数据，每 4 个小时更新一次。当大规模的灾害发生时，系统就可以以最快的速度评估哪些地区受到影响，以及受灾人数和人口特征，从而对灾区的疏散、撤离、补偿等公共服务进行合理的规划，将灾害带来的损失降至最低。

LEHD 的案例清晰地反映出，大数据应用过程中的难点并不是没有数据，而是缺少数据的重组思维和能力。因而，专业技术人员在具体实践工作中应努力提升自身的数据重组能力，如此，才能使得数据分析更为深入，为决策提供更强有力的支持。

数据的首要价值被使用后，可以再与其他数据重组，组成的新数据集比之前单个数据集的价值总和具有更多的价值，这就是大数据时代下数据重组的魅力。专业技术人员在工作中应深刻了解每个数据集的数据内容和结构，掌握多源数据融合的方法，努力挖掘不同数据集之间的关联关系，从而探寻出更多具有实际商业价值的、新颖的数据模式。

二、数据扩展

数据的潜在价值是一直存在的，即使数据一开始采集的目的相对单一，即使数据被搁置的时间比较久，但只要有新的分析、挖掘、整合的想法出现，这些旧的数据蕴含的价值就会被重复性地发掘出来，这正是大数据的迷人之处——无限的可扩展性。

（一）数据扩展的含义

保障数据的扩展性是保障数据再利用的重要前提，也就是说，在数据采集之初就要考虑到数据的可扩展性，使数据集能具有多样的用途。可以这样理解数据扩展：在采集数据的伊始，就尽可能多地采集数据，并考虑数据存在的各种潜在用途，使其具有可扩展性，最大化地寻求数据的潜在价值。可以说，数据扩展是寻找"一分钱两分货"的过程，在实践工作中非常有意义。

例如，现在许多超市内都安装了监控摄像头，其首要目的是为了防盗，认出扒手。现在，这些视频还可以用来跟踪用户的购买行为，比如，顾客在哪些货架前驻足的时间长，哪些产品会被一起搭配购买，什么时段客流量大等。利用这些视频，店主就可以合理安排商品上架，将经常一起被购买的产品摆放在一起；而通过研究客流量的情况，店主可以合理安排工作人员的工作时间，保障服务质量，获得更多的利润。由此，摄像头这项成本支出反而会转变成一项可以增加收入的投资。

（二）数据扩展的应用

数据扩展的应用非常广泛，下文从三个方面来分析其在商业运营中的重要作用。

1. 全面分析和定位客户

为客户提供个性化的优质服务是现在最广为人知的大数据应用领域之一。数据的可扩展功能使得企业能更好地了解客户的行为和喜好。现在，许多企业都积极地收集社交媒体数据、浏览器日志、评论数据和传感器数据等，从而全方位地了解他们的客户，创建用户的购买预测模型。

Target（塔吉特）公司是美国第二大超市零售商，通过利用大数据分析，Target 公司可以非常准确地预测出他们的客户中哪些是正在待产的孕妇，从而推送相关的母婴产品信息。

首先，Target 公司从迎婴聚会（Baby Shower）登记表入手，对这些登记表里的顾客的消费数据进行建模分析，发现了许多非常有用的数据模式。比如，许多孕妇在怀孕的最初 20 周会大量购买补充钙、镁、锌的保健品；在怀孕第 4 个月的开始会购买许多大包装的无香味护手霜。以此，Target 公司选出了 25 种典型商品的消费数据构建了"怀孕预测指数"，通过这个指数，Target 公司能够在很小的误差范围内预测到顾客的怀孕情况，因此 Target 公司就能早早地把孕妇相关商品的优惠广告寄发给顾客。更值得一提的是，为了避免对顾客形成干扰，产生隐私担忧，Target 公司把孕妇用品的广告夹杂在其他类型的商品优惠广告当中，准妈妈们就不会意识到 Target 公司知道她们是孕妇，Target 做到了没有干扰的销售。

慢慢地，Target 公司的大数据分析技术从孕妇这个细分顾客群开始普遍地向其他客户群体推广。在使用大数据进行预测的 2002 年到 2010 年间，Target 公司的销售额从 440 亿美元增长到了 670 亿美元，由此可见，大数据分析对于一个企业的价值是多么的巨大。

通过 Target 公司的案例可以看出，想要通过数据扩展实现全面定位客户，企业首先要重视自身的数据中心建设，要把采集顾客数据作为企业营销运营的首要目标；第二，建立采集数据的软硬件机制，以业务需求为准则，确定哪些数据是需要采集的；第三，建立科学的数据分析模型。

国内的电商界对可扩展数据的研究也是方兴未艾，很多企业都已经将大数据的分析运用到了企业的客户定位之中。比如京东网站，通过对用户下单和搜索数据的分析，可以计算出客户的家里是否有孩子，有多大的孩子。分析这些是为了帮助京东快递员在上门送货时，注意敲门声音的大小和敲门时间的长短，以保障不影响到客户的生活。在这里，订单和搜索数据被扩展利用在分析用户的家庭组成上，并且这种分析不是为了探究用户的隐私，而是为了更加体贴用户，为用户提供更贴心的服务。毋庸置疑，这种做法可以提高用户体验，从而增加用户粘性，这是未来各大电商企业要重点考虑的问题之一。

这就是可扩展数据的力量。

2. 优化企业的业务流程

大数据的扩展能力也越来越多地用于优化企业的业务流程。企业要广开思路，多角度地利用一切可以为其所用的数据。例如，利用社交媒体数据、网络搜索趋势以及天气预报信息，零售商们可以挖掘出许多具有预测性的信息，帮助优化其商品库存。

美国东北部是一个多暴风雪的地区，每当暴风雪来临前夕，百姓都要大量采购生活补给品，如水、面包、火腿、肉类、蔬菜等，以防暴风雪来临后不能出门。如果零售商们能合理运用天气预报的信息，就可以对顾客的购买行为进行合理的预测，调整供货量，获得最大收益。

美国气象频道（Weather Channel）作为一家有线电视网络，基本的工作是预测天气，它能告诉电视观众纽约周三下雨的概率、休斯敦周六的酷热指数会达到多少、巴尔的摩周日会有多潮湿等。现在，该公司凭借其积累的 70 多年的数据，可以预测出用户什么时候最有可能购买杀虫剂等商品。这些积累的数据包括覆盖北美等地的气象信息和用户查看天气的信息，运用的方法就是大数据的分析方法，其中数据扩展占有重要的地位。

2012 年，Weather Channel 更是把公司的名字改为 Weather Co.（气象公司），以反映其数据业务的增长，它已转身成为一家通过分析人们查看天气情况的时间、地点和频次的数据而预测消费者行为的机构。

Weather Co. 董事长兼 CEO 大卫·肯尼（David Kenny）认为："计

划做某件事时，人们通常都会查看天气状况，我们依据人们查看天气的时间地点和当时的天气情况来分析人们计划要做的事情。" 例如，Weather Co. 发现，在芝加哥市高于平常水平的温度的第一天，空调销量会出现上涨；而在闷热的亚特兰大，人们则是在比平常热的天气到来两天后去买空调。

Weather Co. 长期以来都向航空公司和能源交易商销售天气预报服务，因为，这两类企业的销售额与天气情况有密切的关系，人们会根据天气情况决定自己是否要做飞机旅行或者决定家庭是否要购买更多的水、电、气。现在，该公司通过结合天气信息以及来自移动设备的数据，向更加广泛的消费品零售公司推广他们的广告平台，以帮助商家投放高度精准的广告，图4—5反映了 Weather Co. 根据不同的天气情况帮助零售商推送具体商品。

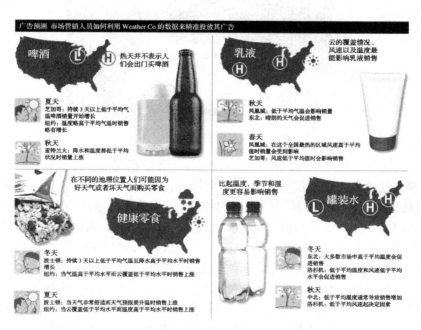

图4—5 Weather Co. 帮助零售商精准推送广告

Weather Co. 将原来只用作天气预报的数据再次用在多个领域，并通过数据分析预测消费者行为，帮助其他企业投放广告，使数据转化成具有巨大商业价值的资本，优化了自身业务流程的同时也帮助其用户完善了业务结构，实现了双赢，这其实正是数据可扩展性的体现。

3. 优化企业智能设备的性能

数据扩展和大数据分析还可以让机器和设备变得更加智能和自主化。在强调数据扩展性方面，谷歌一直是做得最好的公司之一。这些年，谷歌公司一直致力于利用大数据技术与工具来运行它的街景自驾汽车（Google Street View Car）。

谷歌街景汽车上没有司机，它是一种无人驾驶汽车，汽车上配置的相机、GPS 设备（Global Positioning System，全球定位系统）以及强大的计算机和传感器保障它在道路上安全行驶，图4—6 展示了谷歌街景汽车的工作状态。

图4—6　谷歌街景汽车在工作

为了让这些无人驾驶汽车能安全往返于各种路况之中，谷歌在汽车的顶部安装了激光测距仪和高分辨率摄像机，实时地生成周围环境的详细3D 地图，地图信息将反馈给汽车的传感器，使得汽车能避开障碍并遵守交通规则。这些汽车的前后保险杠上还装有四个雷达，可以让汽车能应对快车道上的各种情况，位于后视镜附近的摄像机则用于探测交通灯。而GPS、惯性测量单元和车轮编码器等设备则被用于判断汽车的实时位置。

谷歌街景汽车在世界各地拍摄街景图片，让互联网用户即使足不出户也能"游览"各国风景。然而拍摄街景照片并不是谷歌街景汽车的全部任务，它现在还被用来探测一个地区是否有甲烷泄漏。谷歌研究团队和美国环保协会在三辆街景汽车上装备了甲烷检测仪，并把它们派到了美国的波士顿、纽约斯塔腾岛和印第安纳波利斯，这三辆汽车在当地把一些已经老化的、最有可能发生泄漏的输气管道标记了出来。这些街景的数据被扩展应用在了安全隐患的探测上，谷歌和美国环保协会根据数据的内容向当地的监管部门反映这些隐患，从而帮助他们展开调查和修复。

此外，很多企业通过广泛应用大数据扩展对货物配送路线进行优化，在货车上安装地理定位或无线电频率识别传感器来追踪货物的实时位置信息，并且通过整合实时交通数据为司机提供最优化的行车路线。

第四节　数据的估值与折旧

一、数据估值

数据具有市场价值，因为数据可以降低决策的不确定性，产生经济和社会效益。在大数据时代，数据已经成为一种重要的商品，具备作为商品的三个条件：一是劳动产品，数据是人们利用各种手段采集、存储起来的，附加了人类的劳动；二是能满足人们的某种需要，通过使用数据，可以辅助决策，达成组织的目标；三是可以用来交换，大数据交易目前已经成为一种常态。正是因为数据的这种特性，决定了数据可以像其他商品那样进行估值，即可以根据数据在其生命周期中的地位来评定它当时的价值。如今，数据与品牌、人才和战略这些非有形资产一起被纳入到"无形资产"的范畴中进行估值。

（一）数据的价值与数据估值

数据的价值包括现实价值和潜在价值。一般情况下，人们都是按照预定的目的来采集数据的，将采集到的数据用于解决预定的问题。例如，前面提到的丹麦癌症协会，它拥有丹麦所有癌症患者的数据，这些数据原本是用来统计丹麦公民癌症分布情况，目的是为医疗提供决策服务的，这种可以满足数据使用主体现实需求的价值，就是数据的现实价值。而同样是这些数据，后来又被用来研究手机辐射与癌症的关系，这些数据又有了新用途，发挥了新作用，这种数据本身所具有的、需要通过一定的条件、环境，才能满足数据使用主体某种可能需求的价值，是数据的潜在价值。

互联网研究专家舍恩伯格认为，"数据的真实价值就像漂浮在海洋上的冰山，第一眼只能看到冰上的一角，而绝大部分则隐藏在表面之下"。大数据的价值并不仅仅局限于它初始被采集的目的，更在于它之后可以服务于其他目标而被重复使用。因此，大数据的价值是所有这些用途的总和，并且将远远大于其初次使用的价值。随着更便宜的存储和分析技术、分析工具的发展，以及"大数据观"的建立，数据估值更重视大数据"表面下"的"隐藏价值"或者说"潜在价值"。

数据的潜在价值也常常通过物理动能转化的例子来解释。在物理中，物体储存着"潜在的"能量，在未动时处于休眠状态，比如放置在山顶的小球，只要小球被轻碰而滚下山坡，它自身的潜在能量就会转化为"动能"，影响其他物体。数据也一样，当其基本用途完成时，数据的价值依然存在，只是被隐藏起来了，当有一个外力给予这些数据一个动力时，它们的价值就可以被再次释放出来，而这种外力就是数据创新和数据再利用的思维、工具和技术。数据潜在价值的存在使得数据的基本用途完成后也不应被删掉，因为数据蕴含的潜在价值是无穷的，可以带来无限的社会效益和经济效益。

通常，确定一个公司的价值需要查看这个公司的"账面价值"，这种账面价值通常是"有形资产"的价值总和。但在大数据时代，数据成为企业中一种至关重要的资产，许多企业甚至将数据资产作为其企业的核心竞争力和产品，传统的"账面价值"已经不能反映出这些公司的"市场价值"了，那么在这种情况下，该如何将数据加入资产核算中呢？

"无形资产"是用以表示公司"账面价值"与"市场价值"之间的差额的会计概念。如今，数据渐渐地被纳入到"无形资产"的范畴中。

数据的估值绝不是简单的基本用途的加总，因为数据的大部分价值都是潜在的，是二次利用甚至多次利用而提取出来的。而数据的采集者和拥有者，无论再具有远见、再有能力，也不可能将数据再利用的所有可能方式都预测到，并且很多数据可能在收集后的十年、二十年才可能被再利用。因此，即使到今日，也没有一个绝对有效的方式来计算数据资产的价值，但还是存在一些尝试方法的。例如，OECD（Organization for Economic Co-operation and Development，经合组织）曾对互联网数据的市场价值进行过估计，研究成果佐证了大数据的巨大潜在价值：大数据可以为金融、农业、制造业、保险业、医疗业等传统领域带来"创造性破坏"，从而推动产业变革和创新，激发新的增长动力。麦肯锡公司的研究报告也指出，美国医疗行业每年通过数据获得的潜在价值可超过3 000亿美元，能够降低8%的美国医疗卫生支出；充分利用大数据的零售商能将其经营利润提高60%以上。同时，利用大数据可以帮助政府提高其行政管理的运作效率。

由此可见，随着人们数据存储、数据重组、数据扩展能力的日益提

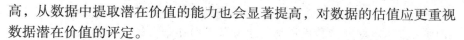

高，从数据中提取潜在价值的能力也会显著提高，对数据的估值应更重视数据潜在价值的评定。

（二）**数据估值的方法**

数据估值包括对数据现实价值的估值以及对数据潜在价值的估值。通常，现实价值满足了数据使用主体的现实需求，其社会效益和经济效益都已体现，因此估值相对比较容易。数据估值的难点在于数据的潜在价值。

这里介绍两种数据资产估值方法：基于五维度的数据资产价值评估模型和将数据授权给数据定价市场的估价方法。

1. 基于五维度的数据资产价值评估模型

有学者提出了基于五维度的数据资产价值评估模型，这五个维度分别是规模、活性、多维度、关联度和颗粒度，这五个维度没有绝对的参考数值，需要具体到每个行业，根据需要来灵活调整和使用这个评价模型，如图4—7所示。

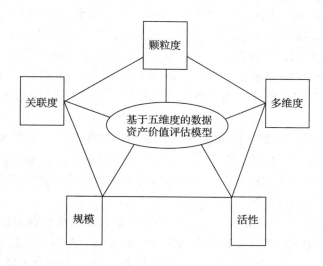

图4—7　基于五维度的数据资产价值评估模型

（1）颗粒度。颗粒度反映数据的精细化程度，越细化的数据价值也就越高，太过宏观的数据反而价值含量较低。细化到个人、单个商品的详细数据，才能带来前所未有的洞察力。颗粒度指标反映的是精细化管理的思想。现在许多城市提倡"网格化管理"，将管理单元细化到了100 m × 100 m 的正方形，甚至是更小的网格。网格里的所有事物都被精细地刻画和记录着，包括一个人、一座房、一个门牌号、一个路灯、一棵树甚至一朵花，这些数据的位置、大小、静态和动态轨迹都清清楚楚地记录在数据库中，这些数据通过数据挖掘、关联关系分析等方法会为地区带来巨大的价值，这一点已为实践所证明。这就是社会治理水平在向"精细化管理"发展的一个重要表现。

（2）多维度。该指标借用空间维度的概念，表示数据来源的丰富性。每增加一个数据维度都会对数据的分析和判断产生颠覆性的影响。数据的来源越丰富越全面，越能全面反映一个事物的全貌，自然越具有价值。以个人的信用评级为例，除了传统的用户工龄、居住地、银行账号开设时间外，许多金融机构还将用户的教育水平、职业等数据维度纳入评级的考核中。这样，一些受过良好教育、从事体面工作但并不是很富有的用户也能获得较好的金融服务，事实证明，采用这种多维度的数据，更能真实地反映用户的信用情况，促进了金融机构的业务发展。

（3）活性。该指标是指数据被更新的频次，频次越高，活性越大。数据的活性与客户的活跃程度密切相关。一个组织拥有活跃的客户的多少，决定了该组织可以获得活跃数据的多少。股票市场中的换手率表示股票交易是否活跃，是判断股价走势非常重要的指标。微博营销、微信营销已经成为企业的重要营销手段，其原理就是利用微博和微信上用户的活跃性大、信息的实时价值高等特性，利用微博和微信进行实时的广告精准投放。

（4）规模。该指标指数据的数量多少。没有"量"的积累，就没有"质"的飞跃，数据规模的扩大主要在于数据量的增长。多大的量才算是大数据呢？对于不同的行业、不同的业务特征，数据规模的定义会有所不同，这取决于要解决的问题。

（5）关联度。该指标反映不同多维数据之间的内在联系。大数据的价值正是在于无限的数据的重组可能。以前，同一个组织内部都存在大量的"信息孤岛"，不同部门掌握着大量数据，却无法融合，形不成合力，不同组织之间更是如此。大数据时代更注重用新的分析技术和方法去挖掘数据之间的关联关系，这个指标揭示了数据融合的重要性。

基于这五个维度的数据资产价值评估模型为数据资产的评估提供了一个比较好的参考框架。这个模型强调更多的数据来源要比更多的数据量更重要，重视具有活性的数据，强调数据分享，让数据在流动中增值。

2. 将数据授权给数据定价市场

如果一个企业拥有大量的数据，比如像 Facebook（脸书）这样以信息作为主要产品的企业，就可以将数据作为一种商品授权给其他的企业或机构使用，从而获得收益。经估算，Facebook 在 2009 年至 2011 年大概收集了 2.1 亿万条"获利信息"，包括用户的"喜好"、评论等，涉及天气、金融、娱乐、医疗等方面。运用适合的数据挖掘方法就可以从这些信息中获得无限的价值。只要 Facebook 能保障它的数据出售行为不会侵害用户的隐私，那么这些信息完全可以销售给第三方数据公司。

在获利方面，数据的提供者可以按照一定的比例源源不断地获得收益，而非固定一个数额。如同出版业一样，只要卖出一本书，作者就可以获得一定比例的稿酬。同理，只要数据在创造新价值，数据提供者就可以获得相应比例的报酬。这样，数据买卖双方都会努力使数据再利用的价值达到最大。

为数据定价的市场也随着大数据概念的兴起而繁荣起来。DataMarket（数据市场）公司是冰岛的一个数据商，它一边向网民提供一些公共机构的免费数据，如联合国、欧盟统计局和世界银行等的数据，一边将商业数据销售给需要这些数据的企业，从而获得收益。Info Chimps（数据黑金刚）公司也作为信息中间人，向第三方提供所需数据。这类公司有很多，它们就像数据的跳蚤市场，可以让闲置不用的数据流动起来，为数据的拥有者们提供一个可以交易数据的平台，并且让数据交流更加简便、规范和安全。

数据堂是我国一家大数据共享、交易平台，它面向各行业提供计算机、医疗、人脸、语音、方言、交通、电商、微博等各类数据资源。通过与国内各大科研机构、高等院校、科研组织合作，建立专业、高效的数据管理和分析团队，对分散在各个领域的数据进行采集、加工、整理，积累了丰富的数据资源。数据堂的数据资源包括以计算机学科为主的 42 000 多份科研数据集，主要分布在机器学习、数据挖掘、人工智能、网络和通信、视频处理、语音处理等多个科研领域，以及包含路况历史数据、环路微波历史数据、道路视频监控历史数据等在内的交通数据。数据堂的用户最终通过统一的平台使用服务，与其他的科研机构、企业、高校和个人实现充分的数据共享。用户可以发布自己的数据，销售给其他的用户使用，在提高自身科研影响力的同时获得数据收益。

从数据堂的案例可以看到，数据潜在价值的存在意味着数据拥有者应采集尽可能多的数据，并保存尽可能长的时间。同时，在保障数据安全的前提下，应当尽可能地与第三方分享数据。这样一来，数据的原始生产者也可以获得由数据再利用而产生的部分商业价值，数据的潜在价值也得以实现。

二、数据折旧

数据现在被越来越多地作为一种资产，既然是资产，就会存在消耗，就会有折旧。也就是说，随着时间推移，数据会失去部分用途，在这种情况下，继续使用这种旧数据，不仅不能增加价值，反而会破坏新数据的价值。针对这种情况，数据利用者需要不断根据数据估值的结果调整数据折旧率，保证数据的有效可用性。

（一）数据折旧的含义

折旧是一种会计概念，指资产价值的下降，用以计算资产所消耗掉的价值的货币估计值，资产折旧包括固定资产折旧和无形资产折旧（确切的名称是无形资产摊销）。根据我国《企业会计准则第4号——固定资产》和《企业会计准则第6号——无形资产》的规定，固定资产折旧额和无形资产摊销额要考虑减值损失因素，并且企业至少应当于每年年度终了，对固定资产和无形资产的使用寿命、预计（净）残值和折旧（摊销）方法进行复核，以确定下期折旧额和摊销额。

为了反映企业固定资产的增减及其结存情况，会计核算中设置了"固定资产"账户。固定资产能在较长时间内（如一年以上）保持原有实物形态，但其价值会因损耗而逐渐减少。这种损耗包括有形损耗和无形损耗两种，有形损耗是由于资产使用和自然力的影响而引起的实物性价值损失，无形损耗是指由于科学技术进步等引起的无形的价值损失。固定资产由于损耗而减少的价值就是固定资产的折旧。这些折旧需要核算折旧费用计入产品成本和期间费用中并计入商品的成本中。这不仅符合收入与费用的配比原则，也使企业在将来有能力重置固定资产。

无形资产可分为使用寿命有限的无形资产和使用寿命不确定的无形资产。对于前者，应将其价值在使用寿命内系统合理地摊销。摊销方法应反映无形资产有关经济利益的预期实现方式，无法确定预期实现方式的应当采用直线法摊销。直线法也可分为年限平均法和工作量（或产量）法。目前，无形资产年限平均法摊销一般公式为：年摊销额 = 无形资产原价 ÷ 预计使用年限；工作量法一般公式为：单位工作量摊销额 = 无形资产原价 ÷ 预计总工作量。

数据作为一种无形资产，其折旧在理论上要遵循无形资产折旧的一般规律，但是，由于数据本身的特殊性，现有的无形资产折旧方法并不完全适用于数据折旧。数据折旧是指数据本身反映某种事物现时或未来属性和特征的能力随着事物内部因素和外部因素的变化而不断降低。也就是说，数据折旧必须要充分考虑两个方面，一个方面是，信息本身的质量没有发生任何改变，但外部因素有所变化，从而导致有效数据不能有效地应用或者无法解决预定的问题，使得数据的可用性变差。另一个方面是，外部环境没有变化，但由于某种内部原因如缺少部分数据等原因，数据反映事物现时属性和特征的能力下降了。换句话说，数据折旧的意义在于优化数据质量，在处理过程中应注意辩证地看待数据，根据组织的特点和服务类型制定相应的数据折旧模型，使数据的价值得到最大化地释放。

（二）数据折旧的应用

1. 亚马逊公司的商品与广告推送服务

亚马逊（Amazon）公司在商品和广告的精准推送服务中都积极地运用了自己的数据折旧模型，提高了服务质量，优化了用户的网站使用体验。

（1）数据折旧完善商品推送。亚马逊公司一直致力于提高用户的购买体验。当用户登录亚马逊网站浏览一件商品或一本书籍时，会同时在页面上看到亚马逊网站推送的相关商品和书籍的信息。当这些推送的商品正好符合用户最近的需要时，它确实可以帮助用户做出更好的购买选择。但是如果这些推送是基于 5 年前或者 10 年前的用户购买记录而生成的话，用户可能对那些商品早已经不感兴趣了。这时，用户不仅不大可能购买这些推送的商品，反而会怀疑该网站之后的推荐的合理性。因此，旧数据的存在显然会破坏新数据的价值，不能使用过旧的数据作为推荐依据。

解决这个问题的方法是在推荐时只使用那些仍有价值的数据，并且不断地更新数据库，淘汰过时数据。问题在于，如何判断哪些数据不再有价值，因为仅仅依据时间来判断是远远不够的。为此，亚马逊公司建立了复杂的模型来帮助自己辨别有用和无用的数据。举个简单的例子，如果客户浏览或购买了一本基于以往购买记录而推荐的书，系统就认为这项旧的购买记录仍然代表着客户的喜好；反之则不然。这样，网站就能够区分旧数据的有用性，并使数据折旧处理得更准确。

（2）数据折旧协助广告精准推送。2012 年年底，亚马逊公司推出实时广告交易平台，这个实时广告交易平台又称"需求方平台"（Demand Side Platform，DSP），旨在让广告与目标消费者精准相遇。广告商在

"需求方平台"上竞标网站的闲置广告空间、广告版位以及符合特定条件的消费者。通过这个平台，广告商可以接触网络上的众多用户，同时，客户也能迅速地找到想要的产品信息，"需求方平台"概念虽非亚马逊公司首创，但其丰富的用户购买数据和不断调整的数据折旧模型成为其发展的坚实后盾。

亚马逊公司与广告商分享的信息有两类，第一类是依据用户网络行为所做的用户分类，例如热衷时尚的用户、喜爱电子产品的用户、身为母亲的用户、爱喝咖啡的用户等；第二类是用户的商品搜索记录，这是了解和预测潜在用户购买行为的最重要数据。这两类数据也存在数据折旧的问题，平台建立了数据活性为基础的数据折旧模型，认为只有具有活性的数据才能真正反映用户的需要，依据有效数据进行的推送才能真正起到刺激购买和促销的作用。亚马逊公司的这个平台获得了巨大的成功，2012 年的广告收入约为 5 亿美元，2013 年达到 10 亿美元。

2. 辩证地看待数据折旧——谷歌优化检索结果

在数据折旧这个问题上需要具有辩证的思维，绝不可"矫枉过正"，对于较早的数据，既不能完全舍弃，也不能一味保留。因为数据富含多种信息，取决于观察的视角，不能因为数据在短期没有用途就随意丢掉；同时，也不能把所有数据当成宝贝，即使旧数据影响了新数据的结构仍不"放手"。在这一点上，谷歌做出了榜样。

谷歌一直拒绝将互联网协议地址从旧的搜索记录中完全删除，因为它希望进行历年的同比分析。因为通过历史的搜索记录，可以改善以后的搜索结果。例如，英语国家的用户想搜索"瓷器"一词相关的信息时，经常会搜索到关于中国的时事新闻的网页，而非瓷器的信息，这是因为英文"中国"与"瓷器"同为"china"。而通过基于历史数据的算法，谷歌将用户以往经常查看的页面排在靠前的位置，方便用户获得他们最可能需要的信息。也就是说，即使历史数据的基本用途的价值会减少，但潜在价值依然强大。

第五节　数据废气

数据的潜在价值有三种比较普遍的释放方式：基本再利用、数据集整合以及数据废气的再利用，数据废气是其中较为特别的利用方式。

一、数据废气的含义

网络公司可以捕捉到用户在其网站上做的所有事情，包括用户的回帖、点击、输入、浏览等方面，将用户的这些离散的交互痕迹收集起来，可以为企业在网站个性化设计、服务质量提升等方面提供参考。

人们在网上留下的数字轨迹就是"数据废气"，是网络用户在线交互的副产品，包括用户浏览了哪些页面、在网页上停留的时长、鼠标光标停留的位置、输入了什么样的信息等。在大数据时代，数据不再是用完就立即被删除，这是因为，数据的再利用价值即使不能马上被发现，但一定有发现它的再利用价值的时候，无用数据也可以变废为宝。

同时，还有一个与数据废气相关的概念叫作黑暗数据（Dark Data），是指那些针对单一目标而收集的数据，这些数据通常使用之后就被归档闲置，其真正价值未能被充分地挖掘出来。如果黑暗数据用在恰当的地方，也能使企业的未来变得光明。

二、数据废气的案例

（一）从退信邮件中赚钱——Bounce. io

Bounce. io 是一家旨在从数据废气中寻找宝藏的公司，它的创始人斯科特·布朗（Scott Brown）看到了退信邮件的价值。通过一个名叫 Node. js 的小应用，Bounce. io 公司抓取通知发信人邮件被退回的入站邮件（Inbound Mail），再通过创始人布朗以前研发的一个规则引擎来区分机器生成的退回邮件和人工发送的退回邮件。现在，这个公司每天都能收集到两千万到三千万的退信邮件，Bounce. io 公司对这些退信邮件做两件事：给人工退信加上广告，将机器退信卖给数据安全公司。

Bounce. io 公司经过统计发现，8% 的退信邮件是由人们亲自发送的，分类和标识出哪些邮件是人工退信对于 Bounce. io 公司具有巨大的意义，这是该公司的利润来源。Bounce. io 公司做了一个试验：对于收到退信邮件的信箱地址，Bounce. io 公司发一封致歉邮件为邮件被退回进行道歉，结果追踪到致歉邮件的打开率为 60%。布朗认为点开邮件是人的一种自然行为，而点击率对于企业就意味着大把的钞票，因为可以将广告添加到这些致歉邮件里。

在以前，从来没有人在退信邮件上做过广告。布朗找遍了他所有域名商界的朋友，把域名要到了手。现在，Bounce. io 公司拥有的域名数量已增加到 800 万个。就这样，Bounce. io 公司每天会收到两三千万的入站邮件，再回复 200 万封退信邮件致歉，并附带广告。而剩余 92% 的邮件则会按月卖给大型数据安全公司，用来分析退信的原因，解决网络安全问题。Bounce. io 公司的大部分收益是由广告带来的，但从数据安全公司获得的报酬也高达 2 000 万美元。

Bounce. io 公司的案例证明了"数据废气"具有巨大商业价值。

（二）电子阅读器上的痕迹——巴诺与 NOOK 快照

电子阅读器作为书籍的电子化替代品，可以捕捉大量关于文学喜好和阅读人群的数据。这包括读者阅读一页或一节需要多长时间，读者对于一本书或者一个章节是略读还是直接放弃阅读，读者在哪些文字下划线强调，在空白处做了什么样的笔记等，这些信息都会被阅读器记录下来。大量聚集这些数据，就可以将阅读这种长期被视为个人行为的动作转换成一种共同经验。这些聚集起来的、所谓的数据废气，用量化的方式向作者和出版商展示出一些他们在以前不太可能知道的信息，比如读者的好恶和阅读模式。这些信息可以帮助作者和出版商改进书籍的内容和结构，具有极大的商业价值。

美国的巴诺书店通过分析 Nook 电子阅读器的数据了解到，人们往往会弃读长篇幅的非小说类书籍。公司从中受到启发推出了"Nook 快照"，并在其中加入了一系列健康和时事等专题的短篇作品，满足了读者的阅读需求。

本章思考题

1. 请用数据生命周期管理理论来分析数据再利用的方式和意义。

2. 在数据重组过程中如何平衡数据共享与数据保护之间的关系？

3. 数据废气和黑暗数据是什么？举例说明它们是如何变废为宝，继续发挥价值的。

4. 情景分析题：

作为四大网球赛事的技术合作伙伴，IBM 公司从 1993 年开始就通过感应技术和高速摄像技术，来判断发球的速度，并采集跟网球相关的数据。2005 年开始，IBM 对数据跟赛事之间的关系有了比较深刻的理解，就开始了大规模的数据采集。在 2005 到 2012 这八年的时间里，IBM 一共对 1 800 多场大满贯比赛进行了数据采集，包括各种各样的数据点，感应器、高速摄像机上面的数据、视频等。数据越来越多之后，IMB 请统计学家和数学家们分析数据之间的关系，并研发了一个叫 SlamTracker 的软件。

这个软件最开始是为了提升观众看网球赛事的体验，给解说员提供一些基于大数据分析的结果。但是，现在它的最大应用者是教练和运动员本身。通过数据分析可以发现，比赛进入拉锯战的时候，当中国的球员回拉超过 20 拍，得分率就开始下降，每增加 10 拍得分率会下降一个几何级，等到一定的拍数之后几乎就不得分，这是个非常奇怪的现象。通过请教一些网球专业教练就可以知道，中国运动员的回拉球是一种机械臂的机制，身体的摆动是自然反应，不是经过思考的决定。也就是说中国运动员训练很扎实刻苦，这使得他们一进入大约 20 拍之后就进入了另外一个状态，大脑不做太多的思考和决定，这时候就不会变线和长短球结合，就容易进入一种打不过别人的状态。知道这点以后，就可以针对这一问题对我国的网球运动员的训练方式进行一些改进，提升他们的比赛优势。

根据以上资料，回答下列问题：

（1）这个案例中，IBM 的 SlamTracker 软件实现了大数据创新的哪种方式？为什么？

（2）这种数据创新方式可以在哪些方面帮助组织优化运营？在这个案例中，这些方面是怎样体现出来的？

第五章
大数据的安全

本 章 导 读

　　本章主要介绍大数据的安全相关方面的内容。通过介绍大数据概念出现以前常见的本地安全和网络安全问题，引出大数据时代的隐私安全和技术安全，帮助专业技术人员了解大数据时代所存在的各种安全隐患，也为专业技术人员提供了保证数据和信息安全的手段和方法。

第一节　大数据安全概述

　　随着计算机技术和通信技术的飞速发展和迅速普及，当今社会的正常运行越来越依赖于信息网络。然而，人们在享受计算机和网络所带来的便利的同时，还必须面对一个现实问题——安全问题。

　　在计算机和网络领域，安全问题通常是指信息安全。所谓信息安全，是指一切与信息安全相关联的问题。信息安全关心的主要问题是如何保护信息不被非法获取、使用、公开、破坏、修改、检查、记录及毁灭。计算机和网络环境下存在信息安全问题，非计算机和网络环境下同样也存在信息安全问题。也就是说，信息安全与信息的载体无关，数字化的信息和实体载体的信息都是信息安全的关注对象。

　　信息安全问题在不同时代具有不同的特征。在现代信息时代，如果以大数据概念、思想和技术的出现为一个分界点，可以简单地将这个时代分为前大数据时代和大数据时代两个阶段。

　　在前大数据时代，信息安全已经是一个不容忽视的问题。一般认为，现代信息时代是以计算机的发明为标志的。自计算机发明至今，其已从早期的单用户、单任务的计算工具发展成为多用户、多任务的智能化信息平台。计算机的功能变得越来越强大，随之而来出现了许多安全问题。这些安全问题，依据其是否与网络有关，可以分为本地安全和网络安全。前者关注与网络无关的信息安全问题，例如操作系统自身的安全性、存储在本地硬盘上的文件的安全性等问题。后者关注随着网络技术的发展而产生的新的信息安全问题，例如网络浏览中的安全问题、在线支付安全问题及网络入侵问题。

　　随着大数据时代的来临，信息安全面临一个更加复杂的信息环境。一方面，在大数据时代，本地安全和网络安全问题依然严峻；另一方面，由于大数据自身的特点，又产生了特殊的大数据安全问题。例如，大数据中包含了大量的个人数据，如何保护个人隐私不受侵犯，是大数据时代信息安全领域的重要问题之一，当然，隐私问题在前大数据时代已经存在，但在大数据时代更加突出，更加严峻。此外，在大数据时代，为了满足大规模数据的存储计算，出现了新的大数据技术，包括分布式的信息存储及分布式的信息运算等技术，这些新技术毫无疑问也会带来新的安全问题。

第二节　本　地　安　全

　　本地安全，是指与计算机本地相关的安全问题，这里的"本地"一词是与"网络"相对的概念，特指与网络无关。本地安全是前大数据时代安全问题的焦点之一。在大数据时代，本地安全也是信息安全领域不容忽视的重要内容。本节重点介绍操作系统自身的安全、密码和权限控制、文件安全及病毒等问题。

一、操作系统安全

　　操作系统是计算机软件系统中最重要的组成部分，是连接计算机软件和硬件的基础设施。所有的应用软件必须依托于操作系统才能发挥作用。因此，操作系统的安全对于整个信息安全来说至关重要。操作系统的安全，主要指系统本身的安全，包括物理安全、逻辑安全、应用安全及管理安全等。操作系统安全关注操作系统本身是否具有安全隐患及针对这些安全隐患所采用的解决方案。

目前主流的操作系统包括微软（Microsoft）公司的 Windows 系统、苹果公司的 Mac OS 系统及各种 Linux 系统的发行版，后两种操作系统都是类 Unix 系统。从系统本身安全性的角度看，通常认为，Mac OS 系统和 Linux 系统的安全性较好，而 Windows 系统的安全性相对较差。一方面是因为其设计理念不同，Windows 系统为了提高易用性并支持更多的功能，不可避免地牺牲许多安全上的考虑；类 Unix 系统更多地应用于专业领域，因此可以最大限度地避免一般性的安全问题。另一方面是因为 Windows 系统的普及率较高，因而所发现的各类安全问题也较多。

操作系统的安全是相对的，即使是一个曾经固若金汤的系统也可能在一段时间后暴露出安全问题。通常，操作系统厂商会周期性发布主版本更新及一系列安全补丁更新，主版本更新通常意味着更强的安全内核，安全补丁更新则是针对近期发现的安全隐患对系统所进行的修补。保证系统安全的一种简单方法是及时安装厂家所发布的各种安全补丁。此外，若条件允许，应尽可能地将操作系统升级至较新的版本。当然，并不是说一定要进行主版本升级，一方面，升级新版本的经济成本、学习成本和时间成本都较高；另一方面，新版本由于上市时间短，也会存在一些安全隐患，因此没有必要盲目追求最新的系统版本。不过，若厂家已经停止了对当前版本的服务支持，那么就应该更新主版本，例如，微软已经停止了对 Windows XP 的服务支持，这意味着对于将来可能出现的安全隐患都不会得到官方的安全补丁修复。

二、密码和权限控制

密码和权限控制是系统软件安全的第一道防线，是系统进行访问控制的依据。大多数操作系统都可以通过密码和权限的组合来防止未授权的访问。这种简单的系统安全机制可以保证系统在大多数情况下不被非法入侵。

（一）密码控制

设置合理的密码尤为重要。合理的密码应该既安全又容易记忆。在设

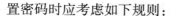

置密码时应考虑如下规则：

（1）选择较长的密码，大多数系统都接受长字符串作为密码。密码越长，就越难被猜中或被试出。

（2）选用字母和数字等字符的多种组合方式作为密码，避免密码字符单一化。

（3）避免单纯使用自己的姓名、生日、电话号码和简单英语单词作为密码，因为这些都是容易被别人猜到的信息。

（4）经常更换密码，如一个月换一次，这样可以避免一个密码在长期使用的过程中被人破译获取。

（二）权限控制

在操作系统领域，权限控制指设置安全规则或者安全策略，用以决定用户可以访问哪些计算机资源，不可以访问哪些计算机资源。以 Windows 系统为例，该系统将用户分为不同的用户类型，常见的类型包括 Administrator（系统管理员）、User（用户）、Guest（访客）等。不同类型的用户拥有不同级别的权限，其中 Administrator 的权限最大，可以控制几乎整个系统的各个方面，而 User 的权限相对较小，只能访问自己的文件和运行经过认证的 Windows 程序。以 Administrator 身份进行登录，会直接获得系统级的权限，在这种情况下，用户的误操作可能导致系统文件的误删除，此外，在以 Administrator 身份登录的情况下，病毒或其他恶意程序也会同时获得系统级的权限，可能对计算机造成深度的破坏。因此，在平时使用计算机时，应该慎重使用 Administrator 身份登录。

三、文件安全

密码和权限控制可以从系统全局的角度对系统的各个方面进行访问控制。具体到用户日常的使用，文件的安全问题首当其冲。除非硬盘出现故障或者遇到恶意程序损坏，现代计算机很少出现文件丢失或损坏的情况，从安全的角度看，如何保护文件不被未授权的访问是普通用户经常面临的问题。

（一）访问控制与加密

对于存储在计算机上的文件，为了防止其被未授权访问，一般可以为其设置访问权限，或进行加密处理。为了理解文件访问控制与加密，首先需要了解文件在计算机上的存储方式。计算机中的硬盘承担着信息存储的功能，信息以文件的形式存储在硬盘中。计算机在存储文件时，会遵循一定的规则和策略，这一整套存储的规则和策略被称为文件系统。在 Windows 系列操作系统中，主要使用以下两种文件系统：

1. FAT 32 （File Allocation Table 32）

在 Windows 较为早期的版本（如 Windows 98 等）中，FAT 32 是 Windows 系统硬盘的主要文件系统，可以存储的最大文件容量为 4 GB，文件名（含路径）可以包含 255 个字符，此外，该文件系统还可以记录文件的创建、修改和访问时间，并且允许设置文件的基本属性，如存档、只读、隐藏等。FAT 32 文件系统在设计时对安全性考虑比较简单，目前已经逐渐被 NTFS 文件系统取代。

2. NTFS （New Technology File System）

随着 WindowsNT 架构的出现，微软随之开发了 NTFS 文件系统，并将其作为 Windows 的默认文件系统。NTFS 系统对 FAT 32 进行了多项改进，一方面改善了文件的存取效率，支持容量超过 4 GB 的文件；另一方面增加了安全性设计。与 FAT 32 文件系统相比，NTFS 文件系统的安全性要高得多。

在 Windows 系统中，保护文件不被未授权访问的方法主要包括文件权限设置和文件加密。

文件权限设置主要利用了 NTFS 文件系统的安全设计。NTFS 文件系统允许为文件和文件夹设置访问许可权限，也可以为文件和文件的共享设置访问许可权限。访问许可权限的设置包括两方面的内容：一是允许哪些用户组或用户对文件夹、文件进行访问或者共享；二是获得访问许可的用户组或用户可以进行什么级别的访问和共享。访问许可权限的设置不但适用于本地计算机的用户，同样也适用于通过网络的共享文件夹对文件进行访问的网络用户。

文件加密包括系统加密和软件加密。系统加密指直接使用NTFS 文件系统所提供的加密方案对文件进行加密。NTFS 文件系统的加密方案基于公钥和私钥技术。公钥和私钥是一对加密数据，用户使用公钥对文件进行加密，使用私钥对文件进行解密。这种加密方式易于管理，不易受到攻击，并且对用户是透明的。同时，对某个文件夹加密之后，任何放入该文件夹的文件都会被自动加密。密码专家已经证明了这种加密方式的有效性，只要不泄露私钥，理论上加密文件无法在有限的时间内被解密。在使用这种加密方式时应该注意，由于是使用私钥对文件进行解密，因此保护私钥就显得尤为重要。Windows 系统的私钥生成基于当前用户的个人信息，因此，若要进行重装系统或修改密码这类与用户信息相关的操作，一定要注意保存好私钥，否则将导致加密的文件无法被解密。

除了操作系统自带的加密方式外，也可以选择软件加密。软件加密是一种利用各种商业或免费的加密软件对文件进行加密的加密方式。以计算机上普及率较高的压缩软件为例，压缩软件具有添加密码功能，对文件进行压缩的同时可以实现文件加密。目前市面上能见到的加密软件种类繁多，功能各有特点。

（二）删除文件

对于已经不再使用的文件，常见的处理方式是使用系统的删除功能，但是，普通的删除操作存在着一定的安全隐患。正常情况下，使用删除功能将文件删除后，文件会被放入系统的删除文件临时存放区。在 Windows 系统中，这个区域被称为回收站。一般认为，只要将文件从回收站中清除，文件就会被彻底删除了，但实际的情况却并非如此。文件的内容在硬盘中以字节的形式存储在硬盘上的某一个区域内，此外，硬盘中还有一个特殊的区域用于指向具体的文件内容，该区域称为索引区。举个形象的例子，一本书中，若章节的具体内容是文件，那么书的目录则是指向具体内容的索引区。对文件执行删除操作，实际上只是删除了文件的索引，而文件的具体内容依然保存在硬盘中。只有当硬盘剩余空间不足以存储新文件时，这些区域才会被再次利用。因此，简单的删除操作并不能彻底清除文件。对于包含敏感信息的文件，应该使用更强的删除机制，不但需要删除文件的索引，还需要删除文件的实际内容。目前市面上有多种强制删除软件，可以根据需要选择使用。需要注意的是，当对硬盘或其他可移动设备进行快速格式化时，其对文件的操作机制与删除没有本质区别。当希望彻底删除硬盘中的全部文件时，应该使用低级格式化功能，该功能将对硬盘的所有存储区域做重写操作。

四、病毒

用户使用计算机，实际上是使用运行在计算机系统上的软件，因此软件安全非常重要。除了系统软件（操作系统），用户每天还要面对大量的应用软件，如 Word、Excel、QQ 等。这些由正规厂商开发的应用软件，通常自身不会存在严重的安全问题，即使存在问题也会被下一次更新所修复。真正给计算机带来安全隐患的是恶意程序。

影响本地安全的恶意程序主要是计算机病毒。病毒是一种在人为或非人为条件下产生的、能在用户不知情或未批准的情况下自我复制或运行的计算机程序。病毒种类繁多，具有传染性、破坏性、潜伏性、持久性、可触发性等特征。

病毒对计算机的危害多种多样，目前常见危害如下：

第一，修改、删除系统文件、注册表，影响系统正常运行。

第二，破坏文件分配表，修改或破坏文件中的数据，导致用户无法读取磁盘上的数据信息。

第三，病毒本身反复复制，使磁盘可用空间减少。

第四，病毒程序常驻内存导致内存耗尽，或者影响内存常驻程序的运行。

第五，在系统中产生新的不必要的文件。

第六，长时间占用系统资源，使 CPU 时间耗费殆尽，导致计算机死机或重启。

产生病毒程序的原因有两个，一是不法分子为获取经济利益而开发病毒程序，二是计算机黑客出于炫技的目的而开发恶作剧程序。近年来，随着杀毒软件的普及和操作系统安全性的改善，纯粹以破坏计算机为目的的病毒被以追求经济利益的恶意软件所替代，这类恶意软件以安装程序的形式存在，披着正常应用软件的外衣，内部却包含了各种恶意插件和破坏性功能。

病毒主要通过网络和可移动设备等传播。为了防止病毒入侵，需要针对其不同的传播途径做好防范措施，具体如下：

第一，修补操作系统及其捆绑软件的漏洞，尽可能消除系统可能存在的隐患。

第二，安装并及时更新杀毒软件与防火墙，使其保持最新病毒库以便能够查出最新的病毒。主流杀毒软件的升级服务器每小时都会更新病毒库，供用户下载使用。

第三，选择可信任的网站下载和安装新软件，在下载和安装软件之前，应仔细确认其是否安全。不少所谓"绿色版""破解版"的软件都含有危险插件，一旦安装运行会产生非常严重的后果。还有的软件在安装时会隐蔽地自动选择安装其他捆绑软件，在用户不知情的情况下将这些软件安装到本地计算机上，甚至会在没有任何安装说明的情况下强行安装不明软件，这些都需要在安装过程中注意防范。

第三节 网 络 安 全

独立的计算机通过通信线路连接起来就形成了计算机网络。网络的出现给信息的交流带来了便利，与此同时，也给安全领域带来了新的挑战。网络安全包括接入安全、Web 浏览安全、在线支付安全和防范黑客入侵。

一、接入安全

计算机或手机等网络设备接入网络的方式多种多样。在有线网络时代，ADSL 拨号连接是家庭上网的主要方式，而在企事业单位或部分居民小区，LAN 接入方式则较为普遍。随着无线网络技术的普及，接入网络的物理空间不再受有线线路的制约，图书馆、咖啡厅、商场等都开始提供无线上网的接入方式。

（一）ADSL 接入

ADSL 的全称为 Asymmetric Digital Subscriber Line（非对称数字用户线路），是一种常用的数据传输方式。ADSL 使用电话线路作为网络信息传输线路，利用拨号程序实现与网络服务器的连接。使用 ADSL 每次接入互联网，用户都需要进行拨号操作，提供账号和密码用于验证身份，拨号成功后，网络服务商会给联网用户分配一个动态 IP（Internet Protocol）地址。因此，ADSL 接入涉及的主要安全问题是密码问题。关于如何设置合理的密码，前文已有详细的说明，这里不再赘述。在此简要介绍可能泄露账号和密码的几种场景。

对于初级计算机用户，若必须将密码透露给别人，例如需要他人协助配置网络连接，应在成功联网后立即修改密码。对于使用 ADSL 通过无线路由器上网的用户，无线路由器的安全至关重要。ADSL 的账号密码一般直接存储在路由器的内部存储器中，他人一旦破解了无线路由器，那么这些资料就可能被盗用。需要提醒的是，申请 ADSL 上网时，网络服务商会为每一位用户提供一个初始密码，这类密码繁简程度不一，一般应该在首次登录之后尽快更改。

（二）LAN 接入

LAN 全称是 Local Area Network（本地区域网络），它使用以太网技术，在一个局部物理区域内（机关、企业、学校内）用通信线路将计算机连接起来，组成本地网络，再通过统一的接口（例如服务器）接入互联网。合理配置的局域网可以防范来自局域网外部的安全威胁，局域网的安全隐患主要来自其内部，即在局域网内部出现人为安全隐患。局域网内部的安全威胁主要来自于网络扫描和黑客入侵，后续章节将详细讨论这一问题。

（三）无线网络接入

无线网络接入是指使用无线接入技术来实现的网络接入。严格意义上说，无线网络接入并不是一种独立的接入方式，该接入方式依赖于 ADSL 或 LAN 接入。目前最常见的无线网络接入为 Wi－Fi。Wi－Fi 是一种本地区域无线网络技术，该技术运行于 2.5 GHz 及5 GHz 频段，可以支持高速稳定的网络连接。从安全角度看，无线网络接入服务可以简单地划分为可信任的无线服务和不可信任的无线服务两种类型。可信任的无线服务，一般是指由使用者本人或使用者所在单位架设的无线服务。之所以称其为可信任，是因为网络的架设主体是可信任的，架设这些网络服务的目的是为了满足个人或单位的需求，不具有恶意的企图。不可信任的无线网络一般是指无法确定其归属或架设意图的无线网络，主要指公共场所的无线网络。称其为不可信任，并非表明其必然存在安全隐患，主要原因是对于用户来说，其安全性是未知的。使用无线网络接入互联网时，所有的网络数据都会流经无线网络服务商。对于不受信任的无线网络服务，由于无法确定其网络内部的数据处理方式，理论上，用户一切未加密的网络行为都有可能被泄露或窥视。例如，用户在登录网站的时候，需要填写账号和密码，一般情况下，大多数网站的账号和密码会以明文（即不加密）形式进行传输。若无线网络的提供商想要监控这部分数据，则用户的账号和密码都会被其一览无余。

（四）其他接入方式

除了上述提到的基本网络连接方式，为了实现加密通信，保证数据和信息不被他人读取，有些单位或个人也使用虚拟专用网络（VPN，Virtual Private Network）。使用虚拟专用网络可以访问远程局域网内的资源。例如，为了解决高校师生在校外访问校内资源的需求，部分高校提供了 VPN 服务，教师和学生可以在校外通过 VPN 网络登录到校园网。此外，代理服务器也是实现加密通信或隐藏身份的重要联网方式。代理服务器也称网络代理，通常是一台或多台计算机系统或其他类型的网络设备如网关和路由器等，用户计算机可以通过这种起代理作用的系统或设备与要接入的网络做非直接的连接。一般情况下，VPN 和代理服务器的安全性比较好，可以防止信息的外泄和被他人监听。尽管如此，VPN 和代理服务器仍然存在着与无线网络相似的安全隐患。也就是说，除非提供 VPN 代理服务器的服务商是可信任的服务商，否则无法确保用户的网络行为不会被窥探。因此，使用这类服务时，应该选择国家认可的有资质的正规服务商。

二、Web 浏览安全

Web 浏览是用户上网最常见的行为之一。所谓 Web 浏览是指利用网络浏览器，通过特定的 URL（Universal Resource Locator，统一资源定位器，俗称网址）访问具体网络资源的过程。在这个过程中，被访问网站的安全性直接关系到用户本地计算机的安全，同时，浏览器自身的安全设计也会给恶意网站提供可乘之机。

（一）恶意代码

恶意代码是一种伴随浏览过程而被激活的危险代码，它能对用户的浏览器或计算机产生不良或破坏性影响。常见恶意代码对本地用户的破坏性作用主要表现如下：

1. 修改默认主页

网站的恶意代码会强行修改用户浏览器的默认主页，有些恶意代码还可以通过修改注册表等方式，使得用户无法用浏览器本身提供的默认主页设置功能来恢复被强行修改的默认主页。

2. 恶意弹窗

弹窗是指网络浏览过程中自动弹出的窗口，弹窗在互联网早期作为一种广告方式被广泛使用，目前多数弹窗都带有恶意性质。例如，在浏览网页时，部分网站会自动弹出色情、博彩或其他广告类网页。还有些网站使用遮罩技术为整个页面设置了点击弹窗，用户点击网页的任意位置均会触发弹窗。

3. 网址恶意重定向

所谓恶意重定向，是指在未经用户允许的前提下，将用户自动从当前 URL 转入恶意 URL 的过程。此类恶意代码会修改系统或浏览器的设置，当用户访问某些常见网站时，恶意代码会直接在这些网站上嵌入非法的广告，或者将用户重定向到恶意页面。

4. 修改用户操作系统

其破坏性作用主要包括格式化用户硬盘，非法盗取用户资料，锁定禁用注册表，恶意修改、删除或移动用户的文件，下载计算机病毒，在系统上添加恶意广告，使用户计算机开机就自动弹出网页窗口等。

应对恶意代码有多种手段，主要包括：

（1）安装杀毒软件。应该保证计算机安装有最新的杀毒软件，现代杀毒软件很多带有网页查毒功能，在网页中发现恶意代码后会提示用户进行处理。

（2）配置浏览器安全设置。通过设置浏览器，使之达到一定的安全级别。例如，通过限制 ActiveX 控件和 Applet 程序的运行，或者限制 JavaScript 代码的运行来达到限制恶意软件的目的。有些浏览器支持黑名单功能，用户在发现含有恶意代码的网站时，可以直接将其加入黑名单，避免再次访问。

（3）用户主动防护。恶意网站或多或少都带有某些特性，例如包含大量的色情、博彩类广告等。用户在上网时，应注意识别恶意网站，不主动点击无法确定安全性的链接、广告等。

（二）隐私信息安全

在上网时，与个人有关的隐私信息，包括账号、密码、个人网络行为信息等，均属于隐私信息安全要保护的对象。

账号和密码是身份的重要证明。保证账号和密码的安全，重点是防止账户被盗用。首先，大多数需要身份验证的网站均提供某段时间内免登录的功能，这项功能通常称为"记住密码"。该功能实际上是将用户的账号和密码保存在本地计算机的文件中，该文件被称为 Cookie，当用户再次登录网站时，网站会读取该文件，调取已经保存的用户身份信息进行登录，免去了用户重复输入的麻烦。此外，主流浏览器也大多提供记录账号和密码的功能，可以将用户的账号和密码长期记录在计算机中。针对上述两种情况，在使用公共计算机时，应避免使用网站或浏览器的"记住密码"功能。其次，某些网络服务，在用户不主动退出登录的情况下，系统会持续保持用户的登录状态。对于这类网络服务，用户在完成页面浏览和操作之后，应该主动使用退出登录功能并关闭浏览器，否则，他人很有可能利用保持登录状态的浏览器冒用合法用户的身份进行非法操作。最后，对于众多的独立网站，用户需要分别在这些不同的系统中进行登录，才能使用相关的资源和服务。为了省去用户重复登录的麻烦，使用户享受到更好更快的服务，出现了这样一类网站，它将多种不同的其他系统或网站集成起来，提供一个统一的登录接口，用户利用该接口一次登录，就可以进入该网站集成的多个其他系统或网站。这种起到集成和统一登录作用的系统或网站，实际上是一种登录代理，它本身不对用户的账号和密码进行处理，而是将其转交给被集成的系统或网站进行身份认证。利用这种网站进行统一登录，与使用代理服务器接入网络一样，理论上存在个人账户和密码被拦截的风险。因此，在遇到这类网站时，要特别注意核查它们是不是可信任的网站，在不能确定其可信性的情况下，尽量选择最终要访问的系统或网站的登录界面直接登录。

个人网络行为信息是另一种重要的隐私信息。个人网络行为信息包括URL历史记录、网页缓存及其他以任何形式存在的与用户访问操作有关的信息。URL历史记录、网页缓存存储在本地计算机中，这些信息可以通过浏览器的清除功能删除。目前大部分浏览器带有自动清除功能，开启这个功能可以最大限度地保证在计算机上不留下个人网络行为痕迹。需要注意的是，只有少部分个人网络行为信息存储在本地计算机中，绝大多数个人网络行为信息是存储在网络上的，具体地说，是存储在用户访问的网站服务器上。以百度搜索为例，用户检索过的所有关键词都会被存储到百度的服务器上，百度利用这些信息为用户生成用户画像（User Profile），对用户各方面形成一种描述。当用户再次使用百度搜索时，系统会根据用户画像调整检索结果。事实上，现在网络服务商大量使用用户的个人网络行为信息和数据，从中挖掘出用户的使用规律，用以提高网站建设的质量，改善服务效果，这是好的方面。但是，也不排除网络服务商滥用这些信息，或者因保管不善造成个人隐私信息外泄。个人隐私的安全问题在大数据时代更加突出，是大数据时代网络信息安全的核心问题。

三、在线支付安全

在线支付是指单位、个人以互联网为基础，通过电子终端，直接或间接向银行业金融机构发出支付指令，实现货币支付与资金转移。在线支付极大地方便了交易双方，降低了交易成本，提高了交易的效率，目前正在日益普及，其安全性也更加为人们所重视。

在线支付的方式多种多样，常见的有以下几种：

第一，网银支付。直接通过登录网上银行进行支付。

第二，第三方支付。所谓第三方支付，是指中介企业提供的线上资金转移服务，它属于一种信用中介服务、支付托管行为，其运作实质是通过在买卖双方之间设立一个中间过渡账户，使汇款资金实现可控性停顿。其中设立中间过渡账户的独立机构被称为第三方，它们是具备一定实力和信誉保障的机构，如国内的支付宝、财付通及国际上较为流行的贝宝等。

第三，信用卡支付。这里的信用卡支付特指 VISA（维萨）或 Master-Card（万事达）集团发行的双币或多币种信用卡，信用卡支付在海外购物网站中使用较多。流程如下：①用户提供自己的卡号、卡片持有者姓名、CVV 号（Card Verification Value，信用卡验证码）、信用卡到期日等信息，以授权收款方进行扣款。②收款方委托 VISA 或 MasterCard 等机构与付款方银行交涉并完成转账。

（一）网络传输

从网络传输的角度看，上述提到的三种支付方式都是安全的。在线支付平台通常会采用 HTTPS 加密协议来保障交易安全。HTTPS 是以安全为目标的 HTTP 通道，简单地说，HTTPS 是 HTTP 的安全版。HTTPS 使用特殊的通信端口，并对通信时的数据进行加密。用户使用在线支付功能时，浏览器的网址栏会由"http：//……"变为"https：//……"，同时该地址的前面还会出现一个锁的图标。这表明通过这个页面输入并传送的数据，不会作为明文在网络上传播，而是经过了 128 位的加密算法加密，只有银行方面才能正确解密，即使这些加密数据被人截获，截获者也无法得知其真正的内容。

（二）身份认证

身份认证是指在计算机及计算机网络系统中确认操作者身份的过程，用来确定某用户是否具有对系统或资源的使用权限。前面提到的用账号和密码登录网站，实质就是一种身份认证的过程。

从身份认证的角度看，网银支付和第三方支付较为安全，信用卡支付则存在着安全隐患。具体地说，网银支付的安全性最高。通常各银行一般都规定，小额支付需要使用电子口令卡等作为验证依据；当操作的金额较大时，一般要求使用 U 盾等客户证书作为身份验证的依据。第三方支付的安全性也较高。以国内最大的第三方支付平台"支付宝"为例，为了防止他人盗用支付宝进行支付，用户在进行超过一定金额的支付时必须安装电子证书。电子证书的安装需要验证个人身份信息和手机验证码，在完成验证后还需要使用支付密码进行支付。除非手机、个人身份信息和密码同时落入他人之手，通常支付宝的身份认证体系足以保护用户的个人财产。与以上两种在线支付方式不同，信用卡支付的安全性存在不小的安全隐患。VISA 或 MasterCard 发行的贷记卡，按照国外的通行方式，在整个在线支付过程中不使用密码，更不使用 U 盾等身份认证工具。因此，任何不法分子只要拿到银行卡信息，理论上就可以利用这些信息进行支付。网络上时常爆出的信用卡信息大批量泄露导致用户损失的事件，以及苹果应用商店 App Store 中的黑卡交易都暗示了这种交易方式所存在的安全隐患。作为一名普通用户，一方面应该尽可能地保护好信用卡上的个人信息，不随意对外人泄露，特别是在国外购物网站上进行在线支付后，若系统提供删除绑定信用卡的功能，应及时利用这一功能删除信用卡信息；有部分银行提供了用户选择开启和关闭境外支付的功能，在完成在线支付后，用户应及时关闭境外支付功能。

（三）其他安全威胁

尽管目前的在线支付平台都十分重视安全问题，但是用户账户资金受到损失的事件时有发生。除了前面提到的安全问题以外，在线支付的其他安全威胁主要来自于钓鱼网站及键盘记录器。

钓鱼网站通常指以窃取用户提交的银行账号、密码等私密信息为目的、将自己伪装成银行或电子商务网站的网站。这种网站仿冒真实网站的 URL 地址及其页面内容，使得用户以为它们是真实合法的网站，在没有察觉的情况下提交了银行账号、密码等私密信息。

可以采用如下方法来防范和识别钓鱼网站：

（1）手动输入网址。直接在浏览器的地址栏手工输入需要访问的银行或购物网站、第三方支付网站的网址，尽量避免通过超链接登录网上银行、购物网站或第三方支付网站。

（2）认清网址。认清网址是防止误入钓鱼网站的最重要、最直接的方法。每个网站都有自己"网址"，钓鱼网站通常会使用与真实网址相近似的名称，例如，淘宝网的网址是 http：//www.taobao.com/，假冒的钓鱼网站可能使用 http：//www.tao－bao.com/或 http：//www.taibao.com/等网址。

（3）比较网站内容。为了以假乱真，钓鱼网站通常使用图片来仿冒真实的网站，只要仔细观察，还是能够看出其与真实网站的差别。此外，为了降低网页制作成本，钓鱼网站上并不像真实网站那样包含相关的链接，仅仅在形式上模仿真实网站，但不会真的链接到相关网站。因此，可以通过网页上的链接，看其是否能真的链接到相关网站，以此来判断是否是钓鱼网站。

导致用户资金受到损失的另一个元凶是键盘记录器。键盘记录器指在系统后台运行的可以记录用户所有键盘操作和鼠标操作的恶意软件。这类恶意软件在后台运行，理论上可以截获用户的所有操作，支付宝的支付控件及部分银行在输入密码时提供的随机软键盘，都是为了防止这类软件而采取的措施。目前应对键盘记录器的最好方法还是及时更新计算机的防病毒软件，安装必要的防火墙及网络安全软件，最大限度地减少这类恶意软件的危害。

四、防范黑客入侵

入侵是指未经计算机所有者授权而非法进入其系统的行为。入侵的实施者一般是黑客。黑客一词在英文中原指计算机高手，后来泛指对他人计算机造成恶意破坏的人。入侵包括主动入侵和被动入侵。主动入侵由黑客本人发起，通过对入侵目标进行漏洞扫描，发现目标网络或计算机的安全漏洞，利用这些漏洞对入侵目标进行操纵或破坏。被动入侵不是由黑客本人发起的，而是由于用户主动触发造成的，黑客通过提供诱惑性的链接或文件引导用户执行非法程序，这些非法程序会主动给黑客提供系统权限，从而使得黑客达到入侵目标网络或计算机的目的。

防范黑客入侵需要用户具有良好的信息安全意识和一定的计算机基础。从计算机的角度看，计算机处于网络之中，完全避免被扫描是不可能的。因此，应尽可能地为系统安装必要的系统补丁，关闭不必要的服务和端口，关闭文件共享功能，为系统里的用户设置不易破解的密码，关闭默认的Guest用户，将防火墙和防毒软件升级至最新版本等，这些措施可以在一定程度上弥补系统本身的安全隐患。从用户自身角度看，应该提高警惕，不点击诱惑性的链接或文件，对通过网络下载的文件，打开之前应先做病毒扫描，尤其是对通过即时通信工具发送的可执行文件更应谨慎，尽量不要运行它们。

第四节　隐　私　安　全

如今大数据技术已经深入各行各业的各个部门，大数据技术正在被用来实现更多的价值。目前大数据的应用简单地看可以分为两类。一类应用与具体的个人没有明显的关系，如使用大数据分析来预测天气、股票及商品价格，通过分析安全信息来对网络的安全系统进行升级，或者利用整个供应链的数据来改善供应链的效率等。另一类应用则涉及具体的个人，如网络销售公司会利用个人的购物记录来进行购物推荐，提高成交率，或利用个人的浏览数据来进行网页推荐等。对于后一类应用，隐私安全就成了无法忽视的一个问题。

一、隐私安全隐患

（一）无处不在的个人数据

每个时代都有自己重要的支撑资源，如工业革命时代的煤炭和铁矿石，又如近 100 年来的石油。在大数据时代，数据毫无疑问成为最重要的资源。当前人们使用的数字化工具繁多且复杂，这些工具无时无刻不在产生着数据。

1. 计算机

经过近半个世纪的发展，计算机如今已经完全融入了人们的家庭和生活，无论是在生产还是生活中，人们都越来越依赖计算机。然而，在享受计算机便利的同时，人们的相关信息也被计算机记录下来，这些信息很有可能被他人利用。

这里以一个普通用户使用计算机的过程为例，来说明计算机可能记录的各种个人信息。用户启动计算机后，各类软件开始工作。系统加速软件首先记录开机所花费的时间信息，安全软件开始扫描计算机以检查是否有安全隐患，并记录这些信息。当用户进行文本编辑时，输入法会记录下用户的所有输入行为信息。当用户进行网页浏览时，个人的所有浏览过程会被浏览器记录，这些被记录的信息包含搜索词、曾经访问过的网址甚至是鼠标移动轨迹等隐私数据。在用户观看网络视频时，用户观看的内容、时间、观看过程中的快进、快退、暂停操作等信息都被保存下来。用户下载、安装或卸载软件的行为信息也会被记录。用户使用即时通信工具与朋友交流的时候，所有的交流信息都被即时通讯服务商存储起来。可以这么说，用户使用计算机的每一个细节，都有可能被记录下来，这些信息反映了用户的喜好、使用计算机的熟练程度、当前关心的问题等，甚至，如果做更深入的分析和挖掘，可以发现其中隐藏的更多的用户秘密。

2. 智能手机

智能手机是新一代个人移动通信设备，它与传统手机最大的差别并非在于有更大的屏幕，而在于其配置的各类传感器。智能手机的传感器使得它能以多种方式感知外部世界，延伸了使用者的信息功能。智能手机首先是手机，因此具备传统手机的通信功能，包括电话、短信等。用户的每一次通信行为都可以以数字化信息的形式被收集。此外，随着3G、4G技术的发展，智能手机的网络功能越来越强大，许多原来在计算机上实现的功能被转移到智能手机上。因此，计算机上可以收集到的个人信息，智能手机上同样都存在。此外，智能手机与计算机不同，智能手机属于可以方便地随身携带的设备。人们在智能手机上留下的信息从时间维度看几乎涵盖人生的全部行为。智能手机含有各类智能传感器，这些传感器扩展了智能手机可以记录的信息的类型。主流智能手机一般包括触摸屏（识别手指触摸）、麦克风（录制声音）、摄像头（拍摄影像和照片）、GPS芯片（与卫星通信进行地理定位）、光线感应器（识别外部光线）、距离感应器（识别物体的距离）、重力感应器（识别手机的移动方向）、陀螺仪（识别手机的移动状态）等，部分高端智能手机还集成了气压计（感受环境气压，可辅助测量海拔）、温度计（感受环境温度）、光学心率计（测量心率）等。智能手机的这些传感器，决定了它比普通计算机能采集到更多、更丰富的个人信息，因此能更加全面和真实地反映一个人的行为状态。以分享社交图片这一用户行为为例，用户首先使用手机的照相功能拍摄照片，然后将这些照片上传至某社交网站，社交网站在接收照片的同时还会得到手机的GPS芯片的定位信息等。假如用户上传的是一张自己孩子的生活照，那么就可能直接暴露孩子的外貌和所处的地理位置，如果根据照片中环境做深入的挖掘，还可以判断出用户的家庭经济状况等信息。当前用户在智能手机上留下的大多数信息，都可以被手机服务商所采集。

3. 智能可穿戴设备

智能可穿戴设备包括智能手表、智能手环、智能血压仪、智能血糖仪、智能心率计等。这类设备配置了具有相应功能的智能传感器，可以采集到智能手机无法获得的个人数据。以智能手环为例，一个功能齐全的智能手环一般包括加速度传感器和光学心率计。加速度传感器可以感受使用者的活动状态，通过复杂的算法可以识别走路、跑步、上下楼梯及睡眠状态等信息；光学心率计可以计算人的心率变化。智能手环通常支持将数据同步至服务器，以保证用户的数据可以长期保存，而这个过程实际就是将用户的个人隐私数据上传到公共服务器。

4. 公共摄像头

公共摄像头是指在街道、商场、广场、旅游景点等公共场所安装的安全摄像头。公共摄像头随处可见，安装这些摄像头通常出于安全考虑。然而，当这些公共摄像头的配置达到一定密度时，普通人几乎不可避免地被暴露在公共摄像头的监视之下。目前常见的摄像头包括街道摄像头、公司和单位内部的摄像头、商场等公共场所的摄像头及移动摄像头、无人机和卫星摄像等。街道上的公共摄像头无时无刻不在记录着往来行人的信息，公共安全部门可以通过分析视频数据识别安全隐患，在这个过程中，每个人实际上都处于被监视的状态。除了公共安全部门，公司的老板、单位的领导都可能对视频数据产生兴趣。老板和领导可以通过安装在自己部门的摄像头监视员工的行为。商场和小商店也安装有许多摄像头，如果商场利用大数据技术对这些视频数据进行分析，可以通过人脸识别技术判别新老顾客，从而进行有针对性的推销。此外，目前还出现了移动摄像头、无人机和卫星摄像。移动摄像头是指自动驾驶汽车上安装的专门用于收集环境信息的摄像头，个人汽车上安装的行车记录仪也属于移动摄像头。谷歌公司的谷歌地球和谷歌街景最早使人们意识到，摄像头已经无处不在。当移动摄像头经过人们身边时，人们几乎感受不到它的存在，但它却实实在在地记录了人们当时的行为。无人机和卫星摄像则具备从空中拍摄的能力，它们更是令一切人类行为都无处可藏，用户在自家的楼顶或院落中的所有活动如今已经不再由个人独享，无人机和卫星摄像可以将这一切都收入它的数据库。

5. 其他

除了上述提到的机器和设备以外，汽车、电视甚至电表都可能成为个人信息采集工具。当前的汽车开始配备越来越多的智能传感器，可以传感人们在汽车上的一举一动。在美国，1996年以后生产的部分汽车安装有类似于黑匣子的装置。该装置可以记录人们的驾驶行为信息，交通管理部门可以通过这些信息来判断事故发生时汽车的驾驶状态，以区分事故责任；保险公司也对这些信息感兴趣，利用这些信息，保险公司可以了解一个人的驾驶习惯，进而评估保险费用。汽车的例子比较直观，而电表能反映的个人隐私则更加隐秘。具体地说，电表可以记录一个家庭的用电量和用电习惯，这可以从侧面反映出一个家庭的经济实力和生活状态，电力公司可以通过精确的数字化电表进行用电行为分析，通过这些分析可以推断家庭的经济收入、家庭成员的作息时间、使用的电器类型及更多的生活习惯，如经常使用电饭锅还是经常使用烤箱等。

（二）个人数据不再属于个人

大数据时代，随着技术的发展，个人数据被无时无刻地采集着，有非常高的隐私风险，可以这么说，在大数据时代，个人数据不再属于个人。

个人数据的收集应该基于个人的自由意愿。多数情况下，用户会主动分享个人数据，例如在社交网站上分享个人信息。但也存在这样的情况，用户默许了服务商对于某些数据的收集。这时，用户的潜意识里认为这些数据只是用于当下的某种场景，例如，用户向放贷者提供近期购物的清单，是为了使对方对自己的还款能力进行评估从而得到贷款。用户不会想到这些数据可能会被用于其他场合或者被多次使用。另外，还有许多个人数据是在用户毫不知情的情况下被收集的，这在前文中已有说明，在此不再赘述。

数据的收集只是个人隐私数据安全的一个侧面，如何限制数据的使用是另一个重要的问题。美国目前已经出台法令来保护用户的各类数据不受侵犯，受保护的数据既包括带有个人生物信息的基因数据，也包含了普通的行为数据如捐款数据等。然而，限制数据的使用无法从根本上解决问题，数字化信息具有低成本、易复制的特点，这导致大数据一旦产生很难通过单纯的删除操作彻底销毁，正如大数据之父维克托·迈尔·舍恩伯格所说的那样，"数字技术已经让社会丧失了遗忘的能力，取而代之的则是完美的记忆"。一旦用户的行为数据被数字化并被存储，即便互联网运营服务商承诺在某个特定的时段之后会对这些数据进行销毁，但实际上这种销毁并不彻底，而且，为满足协助执法等要求，各国法律通常会规定大数据保存的期限，并强制要求互联网运营服务商提供其所需要的数据，公权力与隐私权的冲突也威胁到个人信息的安全。换句话说，已经公开的数字数据很难做到"销声匿迹"。

大数据时代的个人隐私保护还有一个难题，即如何确定个人数据到底被哪些人或机构使用了。智能手机包含了大量的个人数据，如联系人、照片、地理位置信息、邮件和往来通话，可能获取这些数据的相关者不仅包括电信基础设施运营商，还包括移动应用开发商、手机应用上提供广告的广告商、通过网络收集数据的数据分析公司等。一旦智能手机上的数据被使用，用户几乎无法判断谁应该为此负责。

（三）致命的数据泄露

数据泄露是指敏感或保密的数据被未经授权的查看、使用或偷盗。常见的数据泄露是指攻击者通过漏洞进入机构内部网络，窃取关键信息。当然，并非所有的数据泄露都会导致严重的后果，例如医院的工作人员未经授权通过计算机查询患者的健康信息，从信息安全的角度看这也算一种信息泄露，但未必会造成什么严重的后果。过去的数据泄露造成的影响比较单一，攻击者进入内部网络往往是要盗取某一类数据，例如财务数据等，而像医院工作人员未经授权查看病人健康信息这类安全事件所造成的影响更为单一。然而，在大数据时代，数据由量变产生了质变，随着数据的数量和敏感性的上升，数据泄露的危害也大大提高。形象地说，一杯水洒了不会有什么太大的影响，而如果一个大坝垮掉了，整个水库的水都外溢了，后果则不堪设想。

近年来随着云技术的发展，数据泄露所造成的影响越来越大。2014年苹果公司数据泄露事件是一个典型的例子。苹果公司的产品线包括了台式计算机、便携计算机、平板电脑及智能手机。为了给这些产品提供连贯的用户体验，苹果公司开发了智能的云端系统 iCloud。iCloud 可以跨平台同步用户的所有数据，包括通话记录、短信、照片、录像、APP 应用和相关设置等。利用 iCloud 的 Find My iPhone（找到我的 iPhone）功能，苹果用户甚至可以定位自己手机的位置。毫不夸张地说，苹果的云端平台包含了一个普通人所具有的绝大多数个人数据。但是，苹果产品的定位功能存在着一个极为严重的漏洞，该漏洞使得恶意用户能够非法破解目标用户在苹果 iCloud 上的账号密码。利用破解的账号密码，不法分子可以进入用户的云端平台，盗取用户在该平台上的所有数据。2014 年 8 月，有近 500 张名人的照片包括许多私密照片被公布到网上，并在网络中广泛传播，引起轰动。后经证实，这些照片是黑客通过攻击用户账户，从 iCloud 上获取的。

上面提到的例子只是近年来多起大型数据泄露事件中的一个。由此可以看到，大数据时代，数据量越大，泄露所造成的后果也越严重。

（四）不知不觉的用户画像生成

用户画像（User Profile）也称用户模型，是指用以描述用户特征的、计算机可以识别的信息集合。用户画像中的数据包含了用户的各种类型的信息，包含地理位置、学术和职业背景、工作单位、兴趣和偏好、个人观点等信息。

不同的网络服务为了不同的目的而建立用户画像。在大多数服务中，用户画像的主要用途是为用户推荐产品或信息。这些被推荐的产品或信息是用户当前尚未注意到，但以后可能会加以购买或使用的。例如，社交网站（如 Facebook、人人网）会利用用户画像中的朋友关系网数据来寻找潜在的朋友关系。工作社交网站如 LinkedIn（领英），则可以利用技能和职业背景来为雇佣者推荐雇员。搜索引擎（如谷歌、百度）可以利用历史搜索记录来对用户当前的检索进行个人化定制等。

对于大多数用户来说，上述这些服务商的行为都是未知的。用户并不清楚，其网络行为已经被清晰地记录下来，并被用来绘制了一幅关于用户本人的"画像"。例如，在美国的明尼苏达州，一位父亲在某一天收到了购物公司发给他女儿的有关婴儿用品的优惠券，这位父亲非常不满，因为他女儿还在读高中，但是，他后来发现女儿确实已经怀孕。这家发放优惠券的公司叫 Target，该公司基于用户的消费数据进行市场营销，能够在很小的误差范围内预测到顾客的怀孕情况。由于这位女儿曾经浏览和购买过无香乳液、矿物保健品及棉球等商品，因此 Target 通过大数据分析得出她已经怀孕的结论并向她推送了这些优惠券。从服务的角度看，这是一个定位客户的成功案例，但从信息安全的角度看，在大数据时代，个人隐私的保护已经非常困难了。

除直接服务商重视个人数据的采集和分析以外，还存在大量的被称为数据掮客的间接信息服务商。数据掮客专门从事数据收集工作，利用各种数据源获取和汇总所能得到的一切用户数据，并从数据的交易中获利。数据掮客有可能造成更大的隐患，这是因为，数据掮客拥有大量的个人数据，这些数据一旦被泄露所造成的影响是不可估量的。

二、隐私安全应对

个人的隐私安全在大数据时代已经不仅是个人问题，更是需要大数据主要参与者共同关注的问题。大数据的主要参与者包括用户和服务提供商，此外还包括作为社会管理者的政府部门，下文从不同参与者的角度解析如何应对隐私安全。

（一）个人

当今社会，计算机、智能手机等设备已经成为大多数人的日常用品。即使不使用这些设备，不在这些设备中留下痕迹，也仍然有摄像头、汽车、电表及卫星等设备采集个人的信息。除非脱离文明社会，否则个人信息将不可避免地被收集和使用。因此，提高个人的风险意识，掌握个人隐私数据的保护手段，是当代社会每个人都必须重视的问题。

1. 设置复杂密码

在大数据时代，对于密码的要求比普通网络环境下的要求更高。一般来说，应该设置复杂而没有意义的密码。过于简单的密码或者与个人相关的密码在理论上可以通过个人信息推算出来，因为，若能掌握一个人的大量个人信息如姓名、生日、身高、体重、工作单位等，推算出简单的密码并不困难。此外，不同的服务应该设置不同的密码，以防止密码发生泄露后产生连锁反应。使用相同密码可能导致严重的后果，2014 年购票网站12306 的用户信息泄露事件就是一个典型案例。在该事件中，12306 网站并未使用明文存储用户密码，但是密码依然被泄露。后经有关部门查明，密码泄露的主要原因是撞库。所谓撞库，是由其他网站泄露了用户的账号和密码，黑客利用这些账号和密码在 12306 网站上进行逐一登录，由于很多用户在不同的系统中用一套相同的账号和密码，黑客自然很轻松地据此进入这些用户在 12306 网站上的账户中，获得了这些用户的相关信息。

2. 避免主动提供信息

尽管计算机、智能手机等设备在时时刻刻隐形地收集着用户的隐私数据，但其收集的数据范围和种类有限，事实上，有相当一部分数据是用户主动给出的。以网络表单为例，无论是注册账户、网络购物还是回答调查问卷，通常都要求用户填写个人信息，个人信息表单中包含大量的隐私数据。用户在使用这些服务时，应该仔细阅读表单的说明，仅提供必要的信息。对于不影响当前应用的信息不必完全提供。尤其是涉及个人地址、身份证号、手机号等敏感信息时，用户更应提高警惕。

3. 做好在线服务的使用和管理

在建立用户画像时，服务商通常需要识别连续性个人数据。所谓连续性个人数据是指这些数据可以通过某种方式被识别为是与同一个用户相关的数据。一般情况下，账号（用户名）是识别连续性个人数据的一个重要依据。当用户保持登录状态时，服务商将通过账号将用户的一系列行为联系起来，形成用户画像。若用户不进行账号登录，那么在服务商看来，用户所做的所有操作都是匿名的，无法判断该行为具体属于哪一个用户。因此，要保护隐私行为不被识别，一种较为简单的方式是尽量避免使用账号登录。当然，这并不是说对于所有服务都要避免登录，对于诸如即时通讯、邮箱这类服务，要求用户必须在使用前登录，但像搜索引擎、在线视频、在线音乐等服务，本身允许用户不用登录就可以使用，只是能够访问的资源范围有限制而已，对于这类网站，如非必要，应尽量避免登录。

对于需要登录访问的服务，应该做好隐私管理。大部分较为规范的在线服务商都提供隐私管理和设置功能，用户应该注意学习这些功能的使用，以便主动管理自己留下的使用痕迹。以谷歌搜索引擎为例，它允许用户查看和管理当前账号下的所有检索记录，用户可以对敏感的检索记录进行删除，例如，删除关于个人健康和医疗的检索记录。又例如，社交网络平台人人网，提供了隐私设置功能，可由用户自己设置信息的公开范围，包括允许哪些信息被所有人查看，哪些信息只能被好友查看，哪些信息只有用户自己查看，对其他任何人都不见等。这样，既保证了用户的完整服务体验，同时也保护了用户的个人隐私。

4. 加密使用云服务

大数据离不开云服务的支持，云服务的本质是将数据和服务存储在网络中，而不是存储在本地。常见的针对个人的云服务一般是云同步和云备份。前者是在云端保存一份与本地完全相同的数据，后者是以增量的形式在云端保存本地的数据。以可穿戴设备智能手环为例，该类设备通常支持云同步，即可以将用户的健康信息同步至云端。云同步和云备份一方面可以防止数据的丢失，另一方面可以享受到额外的数据分析服务。不过，当用户将自己的数据同步或备份至云端后，理论上这些数据就不再专属于用户个人了。因此，若希望自己的隐私数据不被泄露，一般应尽量减少使用公共云服务。在不得不使用云服务的时候，若有条件，可以对将要上传至云端的数据进行加密。加密后的数据尽管已经上传至云端，但只要没有相应的解密手段，是无法了解其内容的，因此，即使数据发生了泄露，也不至于产生影响。

除了加密，有条件的用户可以考虑建立私有云服务。所谓私有云服务，是指用户自己架设的云服务。私有云服务只服务于用户自己，其他人无权使用，这保证了云服务的安全性。以文件同步和备份为例，目前的解决方案包括智能路由器或私有 NAS 平台。前者在路由器中安装一个简易文件管理系统和硬盘，从而实现网络内部的数据备份和同步；后者的全称为 Network Attached Storage（网络附属存储），这种技术基于标准网络协议实现数据传输，为网络中的计算机提供文件共享和数据备份，通过适当的配置可以完成大多数云同步和备份。

（二）服务商

1. 隐私设计

隐私设计是指在产品和服务的开发和设计阶段就将隐私问题考虑在

内。为了实现隐私设计，服务商首先应该进行风险评估。可以评估的内容包括：对于预期的数据的数量和敏感度，当前的安全评估是否恰当；是否有较高的自信来通过分析结果得到相关性的推断；对于数据预期的使用场景是否会损害个人的利益，包括但不限于经济损失、名誉损失及非法歧视等。服务商对上述内容进行评估后，如果发现了安全隐患，应该考虑是否能够避免或降低这些隐患。通过对隐患进行评估，邀请专业的隐私工程师对系统进行设计，尽可能考虑这些因素，从而保证所开发出来的系统具有较高的隐私安全性。

当前已经存在诸多解决方案，一方面可以保证服务商对于个人信息的收集，另一方面又可以保护用户个人隐私。以欧盟的 EEXCESS 项目为例，该项目的全称是"提升欧洲文化教育科技资源的电子交换能力"（Enhancing Europe's eXchange in Cultural Educational and Scientific reSources），EEXCESS 系统在本质上是一个联邦式的信息推荐系统，该系统根据用户的喜好，向用户推荐可能感兴趣的信息。由于 EEXCESS 系统采用联邦制，允许不同的资源提供者随时加入到系统中，因此需要对资源提供者的可信性进行评价，以防止恶意加入者对用户画像进行滥用。在 EEXCESS 系统中，被评价方的可信性评价结果由普通用户的意见聚合而成。在展示最终评价结果时，参与计算的意见被隐藏起来。系统利用数学模型来随机选择评价者的意见，每个用户的意见被选中的概率是随机的。一方面在统计学上保证了评价结果的正确性，另一方面又保护了用户的隐私。

2. 简化选择

服务商对于用户的自主选择应该足够重视。在大多数服务中，尽管隐私提醒非常重要，例如要求用户接受某些条件等，然而这部分内容通常会被用户所忽略。因此，服务商不仅对于收集用户数据的主体及其意图有告知的义务，还应该向用户提供完善的选择机制，并且这种选择机制应该尽可能简化。例如，服务商可以在整个服务过程中提供一个简单的"禁止记录"功能，使得用户在任何一个阶段想要保护隐私时，可以直接使用这个功能禁止服务商对其行为进行记录。

3. 公开透明

公开透明在这里并不限于数据收集阶段，而应贯穿服务商对用户数据进行采集、存储、分析、利用的所有环节。长期以来，人们比较关心自己的数据是否被服务商所采集，因而服务商也比较多地把公开透明放在了这个阶段，典型的是隐私提醒。通常，在系统安装时，都会弹出一个告知窗口，说明系统会访问用户的哪些信息，询问用户是否接受，或者允许用户有选择地关闭某些信息采集选项，仅此而已。而个人数据被存储到了什么地方，对它们将做哪些分析，与哪些数据做关联，服务商以后会如何使用这些数据，对用户来说却始终是个谜，出现问题时也难以追究责任主体。因此，在大数据时代，服务商的数据使用行为必须公开透明，使用户知道自己是否受到了不公正的待遇，有助于规范服务商对数据的处理方式，明确责任和义务，增加用户与服务商之间的信任程度，促进大数据的良性发展。在这方面，部分持有大数据的服务商已经开始重视。以谷歌公司为例，该公司明确列出了其在隐私方面的政策，包括被收集的数据、数据如何被使用、哪些数据会被共享、如何更新个人信息、透明政策、在何种情况下适用何种隐私政策、与政府和有关部门的配合进行到了何种程度、具体某些软件的隐私政策等。

4. 强化云端安全

大数据离不开云计算技术的支持，云计算资源的安全直接决定了隐私数据的安全。对于使用云计算技术的服务商，应特别关注云端安全问题。美国高德纳咨询公司认为当前云计算主要有以下七类安全问题：

（1）特权访问风险。某些特权用户特别是系统管理员避开监管非法访问数据，从而对用户数据造成安全风险。

（2）法规遵从风险。服务提供商拒绝接受监督和审计，用户数据的安全和完整性得不到保障。

（3）数据保存位置不确定。用户对数据的保存不可见，无法得知数据托管于何处，从而造成数据的安全隐患。

（4）数据分离风险。资源共享是云计算的重要特征，由于多用户数据同时保存在一个共享的云环境中，因此需要保证数据间的隔离，否则会对数据的可用性产生影响。

（5）数据恢复风险。在发生灾难的情况下，提供商能否对数据和服务进行完整的恢复，直接影响到数据的安全性。

（6）调查支持风险。云计算应用地域性弱、信息流动性强，信息服务或用户数据可能分布在不同地区甚至不同国家，在政府信息安全监管等方面可能存在法律差异与纠纷，同时，由于虚拟化等技术引起的用户间物理界限模糊而可能导致在出现问题时难以调查取证。

（7）长期可用性风险。当服务提供商破产或者被收购时，如何确保数据仍然可用也是一个突出的安全问题。

　　当然，云端安全问题还远远不止上述内容，随着云技术的发展和广泛应用，还会有更多的安全性问题出现。目前尚没有云端安全的相关标准，非营利性组织 CSA（Cloud Security Alliance，云安全联盟）于 2009 年 12 月 17 日发布的《云计算安全指南》，着重总结了云计算的技术架构模型、安全控制模型及相关合规模型之间的映射关系，从云计算用户角度阐述了可能存在的商业隐患、安全威胁及推荐采取的安全措施。此外，许多云服务提供商，如Amazon、IBM、Microsoft 等也都提出并部署了相应的云计算安全解决方案，主要通过采用身份认证、安全审查、数据加密、系统冗余等技术及管理手段来提高云计算业务平台的健康性、服务连续性和用户数据的安全性。这些，都值得利用云端技术的服务商关注。

　　（三）政府部门

　　1．将个人信息保护提升为国家战略

　　在大数据时代，个人信息不但是商业服务的基础，也是国家的重要资源，是国家了解民情的重要途径。国家利用大数据分析可以了解社会的变化及人民的想法。这些大数据分析的结果可能比统计部门的数据更加真实全面，并且成本也更低。例如淘宝网的收货地址变更数据可以在一定程度上揭示我国人口的迁移情况，这些信息对于我国的城市发展会有参考。因此，将个人信息保护提升为国家战略是十分必要的。在国外，部分国家和地区已经开始重视个人信息保护。欧盟及其成员国已经制定了大数据发展战略，提出了数据价值链战略计划。该计划的主要原则中强调了个人隐私问题的重要性，即要寻求个人潜在隐私问题与其数据再利用潜力之间的适当平衡，同时赋予公民以其希望形式使用自己数据的权利。

　　2．加强个人信息安全的立法工作

　　在大数据时代，仅依靠技术对个人信息的保护远远不够。健全相关法律法规是个人信息安全的基本保障。当前，我国在个人信息安全领域的立法缺失严重，因此需要积极推动制定关于个人信息安全的法律法规，加大打击侵犯个人信息安全的行为。在立法工作上，首先，需明确个人信息安全的法律地位。其次，必须从法律上明确采集数据的权利依据。再次，应制定关于个人信息安全的专门条款。在这方面，西方国家已经有了实质性的探索。美国政府长久以来即重视个人信息安全。1974 年颁布的《隐私权法》可以被视为其隐私权保护的基本法。二十世纪七八十年代，美国又制定了一系列保护隐私权的法律法规，如《公平信用报告法》《金融隐私权法》《联邦有线通讯政策法案》《家庭教育权和隐私权法案》《录像带隐私保护法案》等。1998 年美国国会通过了《儿童在线隐私保护法》。2000 年 6 月，由美国参议院议员组成的委员会开始对在线广告商利用用户私人信息的行为加以约束。欧盟在 1999 年制定了《互联网上个人隐私权保护的一般原则》《关于互联网上软件、硬件进行的不可见的和自动化的个人数据处理的建议》《信息公路上个人数据收集、处理过程中个人权利保护指南》等相关法规，在成员国内有效地建立起网络隐私权保护的统一的法律体系。

3. 加强对个人信息采集利用的行政监管

如今，个人信息具有极高的经济价值，商业机构可以利用大数据技术通过个人信息谋取到巨大的商业利益。因此，商家十分重视并积极地进行个人数据的采集。在这种情况下，政府对于个人信息采集利用的监管就显得尤为重要，我国于 2013 年 2 月 1 日起实施了首个个人信息保护国家标准——《信息安全技术公共及商用服务信息系统个人信息保护指南》。该标准最显著的特点是规定个人敏感信息在收集和利用之前，必须首先获得个人信息主体的明确授权，在对个人信息采集利用的行政监管方面迈出了可喜一步。当然，仅有这些是远远不够的，还需要建立更为完善的个人信息采集利用的行政监管制度。

4. 培养个人信息安全保护自律意识，提高公民技术应用水平

只有公众意识到个人信息安全的重要性，才能发挥公众的主观能动性。一方面公众可以主动识别可能的信息安全隐患；另一方面，当公众的个人信息安全受到侵犯时，应该拿起法律武器保护自己的合法权益。此外，只有提高公众的技术应用水平，用技术武装公众，使得大多数个人知道如何在使用计算机和网络时防范可能出现的风险，才能使信息安全隐患降至最低。从国家层面，既应该加大信息安全领域相关知识的宣传，还应该加大在该领域的教育投入，逐渐提高整个社会对于信息安全的认识深度和应对能力。

第五节　技　术　安　全

每一天，人类都产生大量的数据。大数据意味着大规模的云端基础设置、多样的数据来源和格式、实时的数据及其获取和海量的数据流动。传

统的安全机制主要针对的是静态的小规模数据集，已经不能满足大数据安全的需求，大数据的数量大、速度快、数据多样等特征给数据安全带来了新的技术安全挑战。

一、分布式计算

传统数据计算通常是整体运行的，大数据的运算模型却发生了本质的变化。主流的大数据运算模型基于分布式的程序框架，该框架利用并行的计算和分布式的存储来处理大量的数据。MapReduce 框架是一个典型的例子，该框架将输入的文件分割成大量的小块。在 MapReduce 运算的第一个步骤中，每一个数据小块会分配给一个映射运算单元（Mapper），该运算单元执行既定的运算，然后以"键－值"二元组的形式输出中间结果。在下一个步骤中，每一个键会被分配到同一个规约运算单元（Reducer），该运算单元会将所有相同键的数据收集起来并输出最终的结果。在这个过程中，任何一个错误的计算都可能导致最终的结果计算错误。

假如 Mapper 运算单元出现了问题，例如该单元被外部攻击，那么它会给出一个错误的中间结果。错误的中间结果会被 Reducer 收集。由于大数据的数据规模通常较大，一个小错误可能会被放大，尤其是像科学计算或者金融计算这类对于精度要求较高的运算，将会产生巨大的不可估量的灾难性后果。

以用户营销大数据分析为例，用户购物数据是营销分析的重要基础数据，通常会被用来定位营销客户和划分消费群体。用户购物数据一般数量巨大，因此需要并行运算，适合使用 MapReduce 模型。在 Mapper 工作的过程中，极有可能会分析到一些特殊的用户记录从而产生一些特殊的值，一方面这些值的产生可能会暴露用户的隐私，另一方面也可能影响最终的结果。

二、非关系数据存储

非关系数据库（NoSQL）不同于关系数据库（RDBM）。关系数据库中存储的是强关系数据，数据的精度要求很高，但是运算效率较低。与关系数据库相比，非关系数据库特别适合以社交网络为代表的 Web 2.0 应用。该类应用需要高速的并发读写操作，而对数值一致性要求不太高。由于大数据的数据来源复杂，导致数据格式种类繁多，传统的关系数据库难以支撑大规模的存储。NoSQL 数据库因此出现并获得快速发展。然而，

NoSQL 数据库在设计实现之初所有的考虑都聚焦在了分布式数据库的实现上，并未单独设置安全功能模块，而且，NoSQL 本身没有提供针对安全功能的任何扩展机制，因此，云环境下的复杂问题对 NoSQL 的安全性提出了诸多挑战。

目前大数据多数是以非结构化数据的形式存在，服务商为了存储大量的非结构化数据，通常会选择放弃关系数据库转而使用非关系数据库。由于非关系数据库内部存储的非结构化，因此非关系数据库的数据安全严重依赖外部的强制安全机制。为了防止出现安全问题，服务商应该审视自身的安全政策，确保所有加入数据库的数据是符合要求的。此外，若有条件，服务商还应该提高非关系数据库自身的安全性。

三、数据存储安全

数据和事务日志通常存储在多级存储介质中，不同的层级代表不同的优先级。以搜索引擎为例，高频次的检索结果是高频使用数据，因此可以存储在高速存储器中。低频次的检索结果是低频使用数据，可以存储在低速存储器中。在传统数据管理时代，IT 管理员可以对数据进行人工管理，在这个过程中管理员可以决定数据所处的层级。当前数据量已呈现出指数级增长的态势，无论是对可扩展性还是对可使用性的要求，都需要一种自动的数据管理机制，而自动数据管理机制可能带来新的安全问题。

以生产商的数据管理为例。假如一个生产商需要集成来自不同部门的数据，其中一部分数据较少被使用，另一部分数据会被多个部门频繁使用。对于自动的数据管理机制，它会将高频使用数据存储在高阶存储器中，而将低频使用数据安排在低阶存储器中。然而，在低频使用数据中可能有一些是关键数据，例如研发结果等数据。这类数据虽然使用频率很低，但是却非常重要。由于这些数据被转移到低阶存储器中，而通常情况下低阶存储器往往成本较低，这意味着低阶存储器有较低的安全性。这就导致原本重要的数据并没有被匹配相应的安全等级。因此，如何高效且安全地对大数据进行存储，值得服务商重视。

四、数据访问控制策略

大数据要求必须确保存储器上数据的保密性、完整性和可用性。与此同时，大数据也要求数据的共享，若没有共享和共用，也就不存在所谓的大数据。因此，一方面，既要保证数据保密不被篡改；另一方面，又要使得数据可以被一定程度地共享。此外，在网络空间，大数据是更容易被"发现"的大目标。首先，大数据意味着海量的数据，也意味着更复杂、更敏感的数据，这些数据会吸引更多的潜在攻击者。其次，数据的大量汇集，使得黑客成功攻击一次就能有更多收获，无形中降低了黑客的进攻成本，提高了"收益率"。因此，如何保护数据不被未授权使用就显得尤为重要。保护数据的措施如下：

（1）加密静态和动态数据。可以在文件传输层实现透明的数据加密。加密后，数据在分布式服务器中移动时就有了安全保证。在这种情况下，即使黑客入侵服务器并获取了直接读取磁盘的权限，也无法获取数据。

（2）密钥与加密的数据分开存储。密钥是加密数据的钥匙，因此保护好密钥是保证文件安全的重要手段。密钥管理系统允许组织安全地存储加密密钥，把密钥与要保护的数据隔离开。

（3）确保节点之间及节点与应用之间采用安全通信。例如在组织内部网络部署 SSL/TLS（安全套接层/传输层安全）协议，以提升整个网络数据传输的安全性。

五、服务访问控制策略

随着大数据的发展，其技术的应用已经变得越来越容易。以 Hadoop 为例，作为一种分布式大规模数据处理平台，当用户需要做大数据处理时，Hadoop 可以为用户提供大数据运算服务，而且，其内部的具体服务细节对于用户来说是透明的。Hadoop 出现初期没有对安全性做过多的设计，仅以客户端的用户名作为用户认证的凭证，这里的客户端指的是发起任务的 Unix 用户。一般 Hadoop 集群在部署服务时会采用统一的账号，所有执行 Hadoop 任务的用户都是 Hadoop 集群的超级管理员，也就是说，Hadoop 缺乏相应的安全授权机制。

为了解决这一问题，新版本的 Hadoop 通过 Kerberos 协议配置了安全模式，只有通过 Kerberos 认证才能访问大数据服务。Kerberos 是一种网络认证协议，客户机首先通过认证服务器对其身份进行认证，认证服务器会将该客户机的账号传给一个密钥分配服务器。密钥分配服务器基于当前的时间创建一个认证信息，该信息使用客户机的密码进行加密并返回客户机。当用户需要访问特定的服务时，首先将上述认证信息发往授权该信息的服务器，其身份得到认证后，授权服务器会再生成一个服务认证信息，客户机通过该服务认证信息访问具体的服务。通过上述步骤，Hadoop 可以确保其服务不被未被授权者访问，从而提高服务的安全性。

本章思考题

1．1985 年 1 月 3 日出生的张三，根据自己的喜好和记忆能力，设置了以下密码。请分析下列密码是否安全，并说明理由。

A：123456

B：850103

C：zhangsan

D：634109122

E：$H3DF

F：％BX3ue2IM$

2．请列举常见安全类软件给计算机带来的主要安全保护。

3．聊天、上网和地图查看是常见的智能手机应用类型，请列举具体的智能手机应用并分析该应用可能泄露的个人隐私数据。

4．情景分析题

2010 年 3 月 13 日英国《每日邮报》报道，谷歌街景照片由于展示出一张裸体儿童的正面照引来非议。拍摄地在伦敦西南温布尔顿，当时一名 4 到 5 岁的金发男孩上完厕所后，裤子还没有穿上。照片显示这个男孩的妈妈或保姆正在帮他穿衣服，一个男人正在一旁观看。人们担忧那些恋童癖患者将获得在线搜索照片或目标的新途径。谷歌虽然对儿童的面部进行了模糊化处理，但是却没有模糊这个家庭的车牌照，从而让跟踪他们的住址成为可能。这些照片虽然已被删除，但却为批评谷歌街景再添一把火。

根据以上资料，请结合大数据安全的有关知识，谈谈你的看法。

第六章
大数据的应用

```
本 章 导 读

    本章通过案例系统介绍医疗卫生、科研教育、经济管理、社
会服务以及其他相关领域的大数据应用现状和大数据对这些行业
带来的影响，并探讨各领域中大数据应用的未来发展。应用现状
部分可以帮助广大专业技术人员了解大数据是如何支持各领域业
务的发展的，未来发展部分则可以帮助专业技术人员进一步认识
大数据应用和未来趋势。
```

第一节 医疗卫生领域

　　医疗卫生领域涉及的医疗保健数据种类多样，包括与患者相关的叙述性数据（如病征描述内容、诊断历史等）、数据测量的文本数据、遗传信息、记录信号、图形或影像数据（如伤口影像、X 光片等），这些数据从不同的角度，以不同的形式反映了人的健康情况。2013 年麦肯锡公司的咨询报告指出，在大数据环境中，当前医疗卫生领域急切需要一个集成异质异构的数据池[①]（Data Pool）作为整体医疗保健系统的核心，并通过数

　　① 数据池是一种集中式数据库，其系统及其数据由某个中心站点集中控制和管理。

据价值的挖掘，为病人提供更佳的医疗质量、更安全的医疗照护、更好的医疗人员、更高的医疗附加值以及更具创造性的医疗创新服务。

一、应用现状

大数据在医疗卫生领域的应用，已经在公共网络信息服务和专业医疗服务两个方面取得了显著成效。前者的典型代表是搜索引擎利用用户行为数据进行医疗卫生相关主题趋势的跟踪或预测；后者的典型代表是专业医疗环境中的医疗卫生分析服务，通常是提供各种科学证据及整合平台来支持诊断决策、病患管理或医疗资源管理，并让包括医生、医疗研究人员、药物供应商、保险公司在内的整个医疗生态圈中的每一个群体受益。

（一）公共网络信息服务实例

在 2008 年全球顶尖期刊《自然》（Nature）发行大数据专刊的同时，谷歌也顺势推出"谷歌流感趋势"（具体内容参见本书第四章第二节）。《自然》的大数据专刊及谷歌流感趋势预测的实践，昭示着大数据时代已经来临，它所衍生的价值无与伦比，同时，谷歌流感趋势预测的实践还反映出新一代的大数据处理技术及分析方法和过去的数据统计方式有很大的不同。

自谷歌流感趋势之后，相关互联网公司纷纷推出类似服务。例如，2008 年起，美国外交关系协会主持的"全球健康项目"（Global Health Program）推出了"可预防疾病暴发的地图服务"网站，该网站的界面通过显示疾病病例数（Number of cases by disease）和各地区的病例数（Number of cases by region）两组数据，结合用户选定的疾病暴发的时间，从而反映所查疾病的爆发情况。

2013 年，美国公共健康协会推出"你身边的流感"（Flu Near You）应用程序，定期监测美国各州的流感蔓延程度，以帮助防灾组织、研究人员及公共卫生官员为应对流感疫情的扩散做好准备；2014 年，美国加利福尼亚大学洛杉矶分校的科研人员搜集了 5 亿条以上的 Twitter 信息，用来追踪及监控艾滋病的扩散与毒品滥用行为的关系，并通过筛查算法和统计模型观测美国各州是否有新的艾滋病病例出现；2014 年，法国电信公司（France Télécom，现改名为 Orange）向瑞典的弗洛明德基金会（Flowminder Foundation）移交了手机内的匿名语音和短信，后者在分析后绘制了人口迁移图，用来预测埃博拉病毒可能的传播方式和路径；2014 年 7月，百度公司推出"百度疾病预测平台"，通过用户搜索数据，结合气温变化、环境指数、人口流动等因素建立预测模型，实时提供流感、肝炎、肺结核、性病、乳腺癌、高血压、心脏病和肺癌等 11 种疾病的活跃度、流行指数、各种疾病相关的城市和医院排行榜以及某一病种对应的百度百科和百度健康页面链接。

除了常见的疾病追踪应用之外，大数据在公共网络信息服务中的其他应用实例还涉及了生物医学、环境保护等方面。例如，2014 年，谷歌公司启动了基因数据库解析人体健康的"基线研究项目"，该项目通过谷歌的计算技术来寻找基因信息中隐藏的"生物标记"（Biological Marker）①，从而帮助研究人员更早发现心脏病和癌症等各种疾病的迹象；2014 年，IBM 公司推出"绿色地平线项目"，结合大数据分析、云计算及空气污染模型等技术支持北京的大气污染监测与防治决策。

值得注意的是，医疗卫生领域的公共网络应用服务还间接地促进了医疗机构的数据公开，例如，美国卫生和人类服务部的医疗照护和医疗救助服务中心（Centers for Medicare & Medicaid Services，简称 CMS）推出 Data. Medicare. gov 在线服务，可以帮助用户查询自家附近医院的医疗质量排行；另外，CMS 中心还推出了"慢性病数据库服务"，收录了 1999 到 2013 年的 CMS 医疗数据和报表；百度公司也推出了类似服务，即"百度医疗大脑"，它整合了来自于传统线下的医疗机构、医院、医疗科研院所等信息和数据。

（二）专业医疗服务实例

面对持续增加的医学文献和医学数据，专业医疗工作者需要更新、更灵敏的计算机技术或算法，进行海量数据分析、挖掘及预测，以便对疾病或基因组做深入的研究。目前，临床医疗、基因和药物研究是专业医疗服务中应用大数据的两个重要领域。

1. 临床医疗领域

在临床医疗中，通过对病历数据、临床实验数据与医疗文献等多种数据源进行分析，找出其中蕴含的规律性信息，可以对临床诊断或管理服务起到支持作用。其中，大数据在临床医疗上的应用，可概括为病人档案的高级分析、基于病人特征和疗效数据的比较研究、临床决策支持系统开发三个方面。

---

① 生物标记是指生物体内被认为有意义的生化分子，可作为一种标记物，为医生提供辅助诊断的依据。

（1）病人档案的高级分析。电子病历也称电子病历系统，是由计算机、电子医疗卡、数据库等组成的，用于保存、管理、传输和重现病人医疗记录的数字化档案系统，电子病历是医疗信息化的核心内容。由于有了电子病历，医务工作者不仅仅可以进行初级报表分析（如一周内各天各科室的患者数量等），还可以进行高级报表分析（如分析病患喜好或药物使用历史、优化医疗资源配置等），从而使得医院管理更加科学。同时，医生结合自己的医疗经验，对电子病历系统存储的病患病历数据、医学检验和影像数据进行综合分析，可以迅速准确地掌握病人疾病情况，从而帮助他们做出正确诊断。此外，通过电子病历系统可及时查询病患的住院纪录、出院病历摘要、医疗影像报告等数据，若病人从 A 医院转到 B 医院，接诊医生可进行跨医院的病历档案调阅和分析，了解以往对病人的诊治情况，并在此基础上提出自己的治疗方案，大大提高了医疗效率。

医疗卫生相关科研机构和各级医院每天生产、处理、分析、查找的数据量和类型十分庞杂，而且，在利用可穿戴医疗设备或传感器进行实时数据纪录与更新时，或者在聚合非医疗领域的数据进行分析时，传统分析方法与技术无法满足实际诊疗或临床实验的需求。这让医疗行业相关人员意识到，需要借助大数据、云计算等分析技术与系统工具，提高分析效率、缩短分析时间、降低分析成本。

例如，美国克利夫兰诊所的派生公司 Explorys 公司，是一家临床医疗数据管理应用公司，它可以提供基于云的分析管理平台，该平台关联了不同医疗信息系统的医疗数据。根据 2012 年发表在美国医学信息学协会杂志的项目成果，Explorys 平台收集了 1999—2011 年间近 100 万患者的电子病历数据并进行分析，平台只花费 125 个小时便可以帮助医生找出位于四肢和肺部中最危险的血液凝块，若按照传统分析方法，则需耗费数年时间。又例如，美国 Lumiata 医疗软件公司通过图形分析方法，整合了电子病历、病理、生理学、学术文献等多种数据，用以模拟人类的多维推理过程，从而预测病人需要什么和何时会产生这些需要。利用该公司提供的系统，可以缩短约 30% ~ 40% 的病人分诊时间。

（2）基于病人特征和疗效数据的比较研究。在现实临床治疗中，患者常常罹患多种疾病且又使用多种药物治疗。在这种情况下，医生常常凭借自己的经验与患者的喜好来组合处方，结果可能产生过度治疗或治疗效果不足的问题。因此，需要通过电子病历系统累积的大量数据，分析比较相同疾病采用不同临床治疗方法的差异性，以便帮助医生确定最有效、最节省医疗成本的治疗方案。例如，同时罹患糖尿病与高血压的患者，可能会产生出9种用药组合。通过系统的数据分析和建模预测功能，医生可以比较不同用药组合的急性心肌梗死或脑中风的发生率，基于此概率，进一步结合病人的具体情况筛选出其中疗效相对较好的药物组合。甚至，在疗效分析结果的基础上，再进一步分析不同药物的费用数据，就可以获得治疗所需的成本效益信息。又例如，美国西奈山伊坎医学院的研究人员杰夫·哈默巴切（Jeff Hammerbacher）带领的团队研发并建构了云计算平台，名为Cloudera，该平台搜集医院内的病患数据，通过预测模型和推荐系统来处理数据，从中挖掘不同糖尿病人群的基因差异并进行比较，以便研究不同种族和人种的基因差异将可能以何种方式导致某种疾病发生。

（3）临床决策支持系统开发。临床决策支持系统是一种基于人工智能理论的交互式专家系统，用以支持医护人员进行医疗决策。例如，医学领域常见的医生伙伴（DxMate）、推论理疗（Infermedica）等决策支持系统，具有提供药物处方禁忌警示提醒、医学临床治疗指引（当医疗人员输入患者数据，会提供不同治疗建议）等功能。近来，IBM公司的沃森人工智能系统研究组（IBM Watson Group）正在积极开发具有临床诊断与治疗建议功能的决策支持功能。2014年3月，该研究组与纽约基因中心（New York Genome Center）合作，在基因体医学相关领域为脑瘤患者提供新的临床治疗方法，包含两项内容：一是将患者的DNA进行基因测序①，以便结合临床数据来找出最佳治疗方案；二是解读大量的肿瘤的基因组数据，标示突变细胞的变化过程，从而给出可能的治疗方式。

2. 基因研究和药物研究领域

基因研究和药物研究是医疗卫生领域的另一项大数据应用。随着生物数据快速增长及500多个相关数据库的大量内容更新，如何运用大数据分析及其技术工具挖掘海量生物数据中的新基因、基因组序列并据此进行药物设计，是研究人员关注的重要问题。大数据在基因和药物研究上的应用，主要包括新基因及药品的预测、建模与比对和临床数据分析应用两方面。

（1）新基因及药品的预测、建模与比对。通过海量基因数据分析，可以找出哪些基因特征有较高的疾病罹患概率以及发生严重药物不良反应的概率。例如，研究发现，汉族人基因HLA－B＊1502与药物导致渗出性多形性红斑（Steven－Johnson Syndrome，又称斯－琼氏综合征）高度相关，

① 基因测序是指分析特定DNA片段的碱基序列，借此了解和确定重组DNA的方向与结构。

患者若要服用可能引发致渗出性多形性红斑的药物，应先做基因筛检，避免药物不良反应。又例如，美国基因连结公司（DNAnexus）、美国重组公司（Recombine）、美国宾纳科技公司（Bina Technology）等公司通过高级算法和云计算加速基因序列分析，让疾病发现变得更快、更容易和更便宜。此外，为了降低新药研发的耗时成本，大数据分析也可以挖掘现有药物应用于治疗其他疾病可能性。例如，在一项通过海量数据分析以找出现有药物新利用价值的研究中，研究人员发现，镇痛药物西乐葆（Celebrex）在治疗某些癌症方面具有一定的效果，这项研究结果，增加了西乐葆药物的新用途。

（2）临床数据分析应用。临床试验是新药研发的重要环节，也是必备环节，以往的新药试验对象或者是基于抽样产生，或者是公开招募，费时费力，而且还要花大力气对试验对象进行甄别，询问、了解他们的既往病史，评估他们是否适合参与试验。而有了电子病历，各种疾病及其诊疗数据齐全，病人情况一目了然，大大提高了对试验对象进行评估的效率。除此之外，对药厂来说，通过对医院的电子病历数据、过去自己公司的药物临床试验数据、与其他公司共享的药物临床试验数据、各国政府公布药品上市的法规以及相关流行病学资料做综合分析，将可以了解哪些医院具有预期的病人样本数，选择哪类病患特征的病人可以达到较好的服药配合度、如何开展新药临床试验才能满足新药上市的条件特别是满足药品要销往的国家的法律法规等，从而对新药的临床试验、销售策略等做统一的部署。

二、未来发展

开放网络环境的疾病追踪及专业医疗的大数据应用已普遍受到关注，近年来，许多国家都积极推进医疗信息化建设、互联网公司跨界医疗服务、区域卫生信息化、电子病历，同时，医院信息化管理系统、医院移动应用系统、穿戴式医疗设备等软硬件技术迅速发展，都为医疗大数据的应用奠定了坚实的基础，未来将可以更有效地进行健康数据分析、就诊数据分析、远距离医疗照护及个性化医疗服务，从而降低医疗成本、避免治疗误判、改善病患照护、提高医疗结果预测的准确度等。简言之，当前的医疗卫生领域还在高度关注数字卫生、移动医疗和智慧医疗三个未来发展方向。

（一）数字卫生

数字卫生在中国的发展比较晚，尚无明确清晰的定义，2009 年《中共中央、国务院关于深化医药卫生体制改革的意见》明确指出要"建立实用共享的医药卫生信息系统"，"以推进公共卫生、医疗、医保、药品、财务监管信息化建设为着力点，整合资源，加强信息标准化和公共服务信息平台建设，逐步实现统一高效、互联互通"。此外，意见还涉及了建立覆盖城乡居民的基本医疗卫生制度及保障体系、医药卫生监管体制、医药卫生科技创新机制和人才保障机制等内容。

2008 年我国启动"十一五"国家科技支撑计划"国家数字卫生关键技术和区域示范应用研究"项目，以浙江省作为示范区域，成立浙江数字医疗卫生技术研究院，致力营造可生存、可持续发展的数字医疗卫生产业链生态环境。具体项目内容包括：针对我国医疗卫生信息标准化的实际需求，建立一套适合中国特色、顺应医疗改革需求的数字卫生标准体系；建立统一标准的涵盖全人全程健康服务内容的居民电子健康档案系统；以医疗物联网技术转化为支撑，创建医院一体化的智能资源管理平台，实现医院全过程标准化、精细化、一体化的流程管理；建立了省、市、县三级卫生信息平台，运用云计算推进卫生五大业务系统的应用，走出一条具有中国特色的"健康云"发展之路；利用先进的流媒体技术和远程通信技术，创建 8 种医疗服务新模式，突破地域和时间限制，实现优质医疗资源共享；构建城乡协同、双向转诊的新型医疗服务模式，建立以省级大医院为核心，市、县医院为骨干，城乡社区卫生服务中心为终端的网络医疗服务平台示范系统，构建以危重症为核心的远程医疗服务模式，率先实现了24 小时不间断的远程监控和治疗服务等；创建涵盖临床路径和知识库的电子病历系统。整体来看，国家数字卫生关键技术和区域示范应用研究项目为全国的数字卫生树立了典范，解决了医院内部、各医疗卫生机构之间的信息互通问题，并为"智慧医疗"提供了基础技术支撑。

（二）移动医疗

根据国际医疗卫生信息与管理系统协会（Healthcare Information and Management Systems Society）给出的定义，移动医疗（mHealth）就是通过移动通信技术和设备（如 PDA、移动电话、卫星通信等）来提供医疗服务和医疗信息，它突破了时间和空间的障碍，改变了过去患者"看病"的方式，也带动了医疗器材制造商对无线宽带网络、传感器与相关医疗设备的研发投入。

在移动医疗的环境下，医疗机构可以利用移动通信技术及移动终端系统，搜集用户的各种健康数据，开展预约挂号、健康和疾病监控、远程会诊等医疗服务。例如，美国雅典娜健康服务公司（Athenahealth）提供基于云服务的电子病历、业务管理、病患沟通及协调护理 4 项服务及相应移动医疗应用软件；英国沃达丰公司（Vodafone）使用称为 Vodafone Machine – to – Machine 的移动医疗服务来改善心血管疾病患者的健康状况；美国生物遥测集团（Bio Telemetry）旗下的 CardioNet 远程心电监护服务商设计开发了移动心脏门诊遥测系统（Mobile Cardiac Outpatient Telemetry)，该系统是一种可穿戴医疗系统，可为患者提供长期远程心脏监测服务；美国移动计算公司（Motion Computing）开发了车载医疗系统，医生可以通过该系统实时访问医院的病人档案，以方便设置远程护理点和非医院内采血等。

（三）智慧医疗

不论是数字卫生还是移动医疗，最终目的是为智慧医疗（Smart Healthcare）提供发展的基础。智慧医疗的目标是构建一个以病人为中心的医疗服务体系，它以医疗数据中心为核心，以电子病历为基础，综合物联网、无线传感器、云计算等技术，连接医疗卫生相关的基础设施和事物，形成患者与医务人员、医疗机构、医疗设备以及其他相关设施之间的联动，实现人性化的健康管理和疾病治疗。例如，2008 年英特尔公司推出了名为"健康指导"（Health Guide）的家庭医疗设备服务；2009 年英特尔公司和通用电气公司共同开发了 Intel – GE Care 健康护照创新系统；2010 年微软公司开发出"健康储藏库"（Health Vault）的远距离照护平台等。这些成果都表明企业对智慧医疗十分重视，它们通过物联网或医疗云等技术关联电子病历、电子健康档案和医疗物联网，跨越原有医疗系统限制，构建现实世界与虚拟世界相融合的医疗卫生环境。对于一般群众来说，智慧医疗意味着人们将可以享受便捷可及的医疗服务。

第二节　科研教育领域

在科研教育领域，各种基于大数据（环境、技术、分析等）的科研项目申请及研究论文产出快速增长，反映出大数据给科研教育事业带来了新机遇。与科学研究的第三范式强调计算机仿真与模拟有所不同，以"数据密集型的科学发现"为特征的科研第四范式更重视大数据环境中的庞大数据流，这就促使科研人员重新审视现有科学研究方法的适用性。同时，以大数据为主的科研人才培养也逐渐兴起，从相关科研教育机构的成立和专业课程的设置可以看出，社会对大数据人才有高度需求。

一、应用现状

对科学教育领域来说，重要的是数据的可用性（Availability）和可访问性（Access），而不是数据量大或小的问题。有了数据，才能进行各种科学分析并提供服务。国际科技数据委员会（The Committee on Data for Science and Technology）将数据资源的管理、开放及取用作为自身的重点任务，认为通过完成上述任务，不仅能推动科学研究及科研信息化的发展，更能通过科学数据来验证某个现象、经验或研究假设，从而抽象出通用性较强的普适性规律。具体来说，大数据对科研教育领域的影响当前主要集中在基于科学数据的科学研究与服务以及大数据人才培养两个方面。

（一）基于科学数据的科学研究与服务

科学数据是科研人员从事科研活动过程所产生的原始或衍生数据，包括了数值数据（如观测数据、实验仿真数据等）、科研论文、报告图表等内容。对科研人员来说，大数据的理论和方法为解决科学数据管理不易的难题带来了新的手段，其中，科学数据整合、科学数据共享以及科学数据服务是当前的三项重要应用。

科学数据整合。在现实的科研环境中，科研人员面临着大量计算机无法计算的实验数据，同时，还存在不同类型数据的描述语法各异、元数据格式不统一、多种科学数据欠缺语义关联等问题，这就需要对科学数据语义异构信息进行整合，以支持科研人员更有效地利用科学数据。例如，中国科学院于 1982 年起开始进行科学数据库建设，其专业子库数量达到了503 个，覆盖了物理、化学、天文与空间、材料、生物等领域，总数据量达到 16.6 TB（见图6—1）。为了消除多数据源的异构现象，方便科研人员访问不同类型的数据，科学数据库的建设者们从一开始就十分重视标准规范的研制与实施工作，研制完成了"科学数据库元数据框架""科学数据库核心元数据""科学数据库数据共享办法"等通用规范以及大气科学数据元数据、生态研究数据元数据、植物图像元数据等多个专用规范，用以规范科学数据库的建设，同时还开发完成了通用元数据管理工具、科学数据库认证管理系统、通用数据访问工具、网格信息与元数据服务系统、基于网格服务的数据访问系统等工具，逐渐形成科学数据库支撑服务体系，对外提供稳定的运行服务。又例如，美国国家科学基金会支持地球科学研究的"地球科学信息网络项目"（Geoscience Information Network）、英国曼彻斯特大学发起的"多种生物信息学资源透明访问项目"（Transparent Access to Multiple Bioinformatics Information Sources）等，也分别提供了整合系统、采用包装器/中间件等模式对不同科学数据源进行整合。

图6—1 中国科学院数据云收录的科学数据库主题

科学数据共享。跨单位的科学数据共享有助于提高数据的应用价值并促进技术创新。开展科学数据共享，需要有详细的数据管理计划，规定数据的相关标准、结构关系、共享方式等，或者依循科学数据公开获取的市场调节机制及保障商业化运行下的有偿共享机制，或者需要制定数据公开政策或法律法规，依法保证科学数据能有效保存管理及广泛共享。例如，中国科学院在2009年发布了"科学数据库数据共享办法"，以期在不损害国家和数据所有者的利益、有效保护其知识产权的前提下，促进科学数据被尽可能广泛和自由地共享和使用。又例如，中国地震局在科技部支持下开展了地震科学数据共享工程项目研究与建设，如图6—2所示。为加强和规范地震科学数据共享的管理，促进地震科学数据共享，使地震科学数据更好地为科学研究、经济建设、国防建设和科普宣传服务，该项目制定了"地震科学数据共享管理办法"等7项地震科学数据共享规章制度以及"地震科学数据元数据编写指南"等8项地震科学数据共享标准规范，构建起了包括地震科学数据共享管理、分级分类、存储规范、质量控制、共享发布等策略在内的我国地震科学数据共享运行机制。

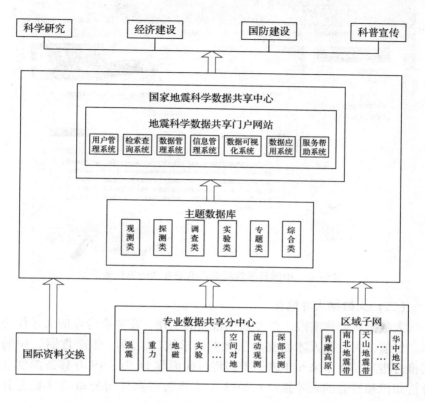

图6—2 国家地震科学数据共享系统构成

科学数据服务。在科学数据共享基础上传递有价值的科学数据,包括数据存储及发布、发现及获取、管理规划、分析、引用、咨询、一般及专业用户社群服务等,是大数据在科学研究中的一项重要应用,也是在第四范式下促进科研发展的重要手段。此外,集成大量科学数据进行高效的数据分析,通过定义假说、多视角和假设来检查数据、识别大量属性间的关系等功能,为科研人员提供可信赖的分析结果,是科学深度发现的重要组成部分。例如,中国科学院数据应用环境为用户提供从数据引进、发现、获取到分析处理的多种类型的数据服务,具体包括:①国际科学数据引进和镜像服务;②数据发现和访问服务;③数据委托查询服务;④数据预定服务;⑤数据传递通道服务;⑥数据加工/分析处理服务等。图6—3显示了中国科学院科学数据服务的跨界检索界面。

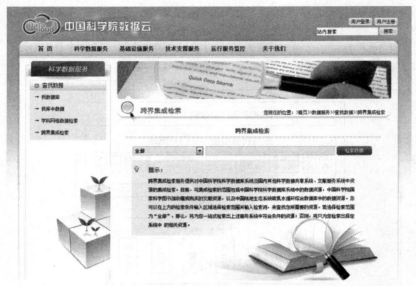

图6—3　中国科学院科学数据服务的跨界检索界面

（二）大数据人才培养

大数据研究和实践，是专业化很强的工作，需要有专业的人才作为支撑。目前，大数据人才面临着巨大的需求缺口。2011年麦肯锡公司的预测报告指出，在未来6年内，美国将可能面临14万～19万具备深度数据分析知识和技能的人才缺口；2013年埃森哲咨询公司公布的《数据分析在行动：通向高投资回报率之路的突破与壁垒》（Analytics in Action：Breakthroughs and Barriers on the Journey to ROI）报告预测，到2018年，美国及英国需要具备科学、技术、工程和数学知识的数据科学家相关职位的增长速度将是其他职业的5倍，是金融服务等信息密集型行业职位的4倍；高德纳咨询公司更预测，2015年全球将会有25%的大型企业组织设立首席数据官（Chief Data Officer）职位。上述情况都表明，大数据人才的角色定位不只是数据管理和数据处理的业务人员，也将是能够将数据资产转化为商业价值和制定数据治理战略的数据领袖。

为此，国内外政府、高校、研究单位以及企业，纷纷成立各种研究机构，不仅开展大数据研究，而且通过研究来带动大数据人才的培养。例如，清华大学与青岛市人民政府共同成立清华—青岛数据科学研究院、电子科技大学与贵阳朗玛信息技术公司共同发起建立大数据研究中心、英特尔公司协同美国各大学成立英特尔大数据科学与技术中心（Intel Science and Technology Center for Big Data）、韩国政府成立韩国大数据战略研究中心（Korea Big Data Strategy Centre）、英国牛津大学成立大数据分析和药物发现中心（Center for Big Data Analysis and Drug Discovery）、英国格拉斯哥大学联合六所大学共同成立城市大数据中心（Urban Big Data Centre）、日本国立情报学研究中心成立全球大数据数学研究中心（Global Research Center for Big Data Mathematics）等。

与此同时，高等院校也开始设置大数据相关课程，培养大数据人才。在我国，2014年中国人民大学联合北京大学、中国科学院大学、中央财经大学和首都经济贸易大学共同培养大数据分析硕士；2014年清华大学推出多学科交叉培养的大数据硕士项目，依托信息学院、经管学院、公管学院、社科学院、交叉信息研究院、五道口金融学院等6个院系协同共建，研究生院负责统筹协调，以数据科学与工程、商务分析、大数据与国家治理、社会数据、互联网金融等科目为先导课程；2014年北京大学信息管理系举办了情报学专业（大数据方向）专业高级专门人才研修班，帮助在职人员建立大数据的思维方式、熟习大数据技术与方法。在美国，北卡罗来纳州立大学的高级数据分析研究院（Institute for Advanced Analytics）、哥伦比亚大学的数据科学研究所（Data Sciences Institute）、哈佛大学的应用计算科学研究院（Institute for Applied Computational Science）、纽约大学的斯特恩商业学院（Stern School of Business）等23所院校开设了与大数据相关的课程，这些院校充分利用校内资源优势，在原有特色专业基础上结合数据分析、数据管理或数据科学等课程，培养不同层次（如技术人才、领导管理人才、综合型人才等）的专业人才。

目前，大数据的专业人才培养多集中在大数据分析领域，仅仅能满足社会对大数据人才需求的一部分。2013年，赛仕公司（SAS）开展了英国对大数据人才需求及专业技能要求的调查研究，该公司搜集和分析信息技术相关部门的招聘信息，将大数据人才划分为开发者、架构者、分析者、管理者、项目经理、设计者及数据科学家7种类型，认为不同人才所需要的专业技能是不同的。以大数据开发者为例，从事大数据开发的专业人员须具备NoSQL、Java、JavaScript、MySQL、Linux、测试驱动开发等技能；而对于数据科学家，则需要具备Hadoop、Java、NoSQL、C++、人工智能、数据挖掘等技能。由此可见，大数据人才培养是一项复杂的系统工程，需要对社会需求进行深入的调查研究，对课程体系进行仔细的设计，对课程内容进行有针对性的筛选，这方面，无论是国内，还是国外，未来都有许多工作要做。

二、未来发展

从科研教育领域的大数据应用现状来看，数据密集型的第四范式已成为当前科研环境的范式代表，引发了科研方式的转变，也带动了企业及高校对大数据人才的培养需求。从科学数据开放与服务现状来看，多源数据整合、数据语义关系分析这两项内容正为当前科研人员所重视；从大数据人才培养现状来看，除了培养体系和培养内容还需完善以外，身为教育人员，也需要思考大数据如何帮助学生达到最佳的学习效果。

（一）多源数据整合

科学数据的多样性已成为常态，包括了同型异源（同一种类型的数据分布在不同的存储点）、异质异构（不同类型的数据分布在不同的存储点）、多语种等。为了解决这些问题，存在三种可能的思路，一是对数据进行字段映射、字段拆分、数据记录滤重、异构数据加权等方面的处理，找出数据之间的共性或互补性，这也是当前进行多源数据预处理的常见做法；二是通过元数据对多种数据来源的数据进行规范化处理，例如，在前述科学数据整合的示例中，多采用这种方法；三是通过数据混搭（Data Mash‐up），依据分析问题的要求，对不同数据组或分析技术进行组合。前两种思路不再列举实例，这里列举第三种思路的实践。

基于混搭的理念，IBM 公司提出了一个称为 CAMSS 的解决方案，其中，CAMSS 中的字母分别对应的是 Cloud（云）、Analytics（分析）、Mobile（移动）、Social（社会）和 Security（安全）。IBM 认为，CAMSS 构成了一种新型生态系统，在这种生态系统中，企业可以用最低的成本，最大限度地提高其业务能力。在大数据时代，数据产生于移动设备、传感器、社交媒体、各种数据卡以及网页浏览，最终借助云聚集，通过对这些数据的分析和挖掘，企业可以深入地了解客户和社会的需求，据此改变自己的商业模式，来获得更多的发展机会。当然，这一切是以安全为前提的。

除了像 IBM 这种基于混搭思想的宏观解决方案，许多公司也进一步将混搭的思想具体化，研制并开发出用于整合异构、多源数据的工具或系统。例如，IBM 公司开发了 InfoSphere MashupHub 集成工具，可以组合来自多个数据源的数据。该集成工具主要包括两大功能，一是创建来自不同数据源的数据提要，二是将来自不同数据源的提要集成为单个数据提要。

利用该工具，可以将来自诸如数据库、电子表格、Web 服务之类不同数据源的数据集成到同一个视图中，从而方便研究人员对数据进行观察、再利用和挖掘。谷歌公司也试验性地推出了"谷歌混搭编辑器"（Google Mashup Editor），该编辑器实际上是一个基于 AJAX 的编程框架，它通过提供可重用模块、通用数据模型和沙箱（Sandbox）实验环境，让用户访问众多的谷歌应用服务，并把它们集成在用户的应用程序里。例如，利用该编程框架，可以开发出这样的应用程序：在查找某科研机构时，不仅可以显示该机构的文字介绍，而且还可以显示该机构在地图上的位置，甚至可以显示该机构研究人员发表的学术论文等。

总之，对科学数据整合来说，数据混搭是一种有效的数据内容整合机制，也是未来的一个发展趋势。

（二）数据语义关系分析

语义是关于意义（Meaning）的科学。语义技术涉及互联网技术、人工智能、自然语言处理、信息抽取、数据库技术、通信理论等技术方法，旨在让计算机更好地支持处理、整合、重用结构化和非结构化信息。核心的语义技术包括语义标注、知识抽取、检索、建模、推理等。语义技术可以为数据的深层挖掘打好基础，即通过对各类数据的语义处理，在富有语义的结构化数据上使用各种数据挖掘算法来发现其中的潜在模式。大数据环境下，由于数据量巨大，必须要探索符合大数据特色的语义关系分析技术。

除了常见的知识本体（Ontology）技术之外，基于人工智能的自然语义分析技术是近年研究人员关注的热点之一。例如，2010 年英国广播公司 BBC 门户网站由于使用的内容管理系统无法应付超过 700 个足球队的庞大数据分析，转而采取语义发布（Semantic Publishing）技术对足球赛事相关数据进行分析和管理。此项技术利用机器自动对足球队的信息进行语义标注，标注出数据中涉及的人名、地名、赛事等，从不同的角度对信息进行组织和管理，方便用户的查询和信息的展示。又例如，2014 年，位于上海的玻森数据公司推出 BosonNLP 中文语义开放平台，提供使用简单、功能强大、性能可靠的中文自然语言分析云服务。该平台通过可灵活扩展的自然语义解决方案，实现情感分析、相似话题聚类、典型意见抽取、过滤噪音歧义。图 6—4 是对于给定的文本，BosonNLP 平台分别对其进行词性分析、实体识别、依存文法分析、情感分析、文本分类、关键词提取与语义联想所得到的输出结果。

（1）待分析的文本

> 2010 年 BBC 网站由于所使用采取的内容管理系统无法应付超过 700 个足球队的庞大数据分析，转而采取语义发布（Semantic Publishing）的语义技术对足球赛事相关数据进行分析和管理，利用机器自动对足球队的信息进行语义标注，标注出数据中涉及的人名、地名、赛事等等，从不同的角度对信息进行组织和管理。2014 年，位于上海的玻森数据公司推出 BosonNLP 中文语义开放平台，提供使用简单、功能强大、性能可靠的中文自然语言分析云服务。

（2）词性分析结果

（3）实体识别结果

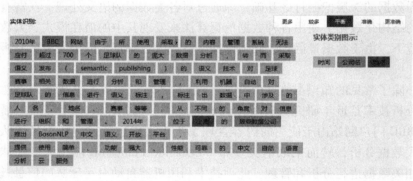

（4）依存文法分析结果（局部）

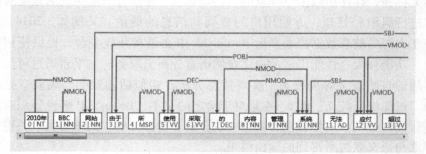

（5）情感分析结果

（6）文本分类结果

（7）关键词提取结果

关键词提取：

名称	权重	名称	权重	名称	权重
语义	40	分析	17	semantic	16
足球队	23	中文	17	publishing	15
标注	21	管理	16	平台	14
赛事	19	采取	16	地名	14
数据	18	bosonnlp	16	进行	13

（8）语义联想结果

语义联想：

关键词：语义

名称	相关性
语义	1.0000
词频	0.4847
架构	0.4789
编译器	0.4732
向量	0.4661
词义	0.4615
算法	0.4590
语态	0.4529
索引	0.4482
图形	0.4457

关键词：足球队

名称	相关性
足球队	1.0000
男篮	0.6638
足球	0.6496
羽毛球队	0.6359
篮球队	0.6105
女篮	0.5894
国家队	0.5868
女排	0.5800
女足	0.5696
乒乓球队	0.5632

图6—4　BosonNLP 平台的输出结果

（三）大数据支持下的适应性学习

除了在正规教育领域继续完善大数据人才培养体系以外，大数据及其技术对学生的学习会产生什么样的影响，大数据如何帮助学生获得更好的学习效果,是未来教育人员应深入探讨的问题。2014 年英国牛津大学维克托·迈尔－舍恩伯格教授和经济学人杂志编辑肯尼思·库克耶共同出版的《与大数据同行:学习和教育的未来》(Learning with Big Data:The Future of Education)一书中提及:大数据对学习教育来说,其实是帮助学生进行适应性学习,打造个性化的学习方式,并用可能性的预测,调整出最好的学习内容、学习时机与学习方式。

传统教育模式的最大特点是标准化和统一化,课堂教学时间是固定的,教学内容是标准化的,教材是统一的,学习进度是一致的。这种教学方式,无论是国内还是国外,无一例外,教师在讲台上讲,学生在座位上听,手上还不停地在记笔记。这种单向学习模式,不利于发挥学习者的潜能,也制约了学习者的积极性。

大数据时代,学生学习将呈现出弹性化、个性化以及生活化等特征。例如,利用有效的分析工具,根据学习者的思维逻辑特点,对学生问题进行深入分析,快速且精准地了解每一位学习者的学习特征,帮助他们调整学习方式、选择学习内容,从而提高学生的学习效率和效果。这方面,已经有了许多有益的实践。诸如大规模开放在线课程(Massive Open Online Course,MOOC,又译慕课)、可汗学院(Khan Academy)、多邻国(Duolingo)等在线学习网站,不但能针对个人量身打造专属教材和教学步骤,还可以收集个人在平台上的数字学习轨迹,针对这些学习轨迹进行学习分析,找出最佳的学习方法。此外,Coursera 联合创始人 Andrew Ng(吴恩达)开设的机器学习课程,通过对学生作业进行大数据分析,从几千名学生同时答错的题目中发现学生们学习的不足,总结出学生们的共性学习问题和个性学习问题,再根据每一位学生不同的学习程度,给予不同的题目来训练。这样的做法,就使得教学内容更加有针对性,更适合每一位学生的特点,经过这样的过程,学生的学习成绩有大幅的提高,学生的题目答对率提高了 60%。

互联网环境为传统学习方式提供了额外的渠道,这就是在线学习。但是,学生在参加在线学习时,常常会面临选课问题,即如何找到适合自己的课程,或是如何判断自己能不能学好这门课程。过去,在学校的面对面教学环境中,学生可以通过课堂试听、咨询、翻阅教材等方式来对课程做前期的了解。但在互联网环境下,还有另外的方式能够更快更方便地帮助学生解决这个问题。加拿大的 Desire2Learn 教育软件公司结合云技术、自有教育资源与数据挖掘技术,推出了"学生成功系统"(Student Success

System）服务学生学习，该系统更被誉为"教育界的网飞"（Netflix of education）。Desire2Learn 公司收集和分析学生过去的课程表现，预测该学生在某门课上将可能获得的分数。公司执行长约翰·贝克（John Baker）表示，通过持续累积数据和技术强化，"学生成功系统"对学生的分数预测准确率可以达到 90%。此外，对学生来说，可以通过该系统管理、阅读课程材料、提交作业、开展试题练习和课堂交流等，甚至可以整合 Dropbox 和 SkyDrive 的云端空间中的其他材料；对教师来说，可以使用该系统累积大量的学生学习数据，将学生的学习历史和学习轨迹用图表的形式展现出来，这样，教师能够动态观测学生的发展，并根据这些数据改进教学方法，或有针对性地辅导个别学生。

第三节　经济管理领域

大数据时代，数据已经成为社会中的重要生产要素，人们对海量数据的运用预示着生产力的增长，且大数据将会创造一个新的经济领域，该领域的全部任务就是将信息或数据转化为经济与社会利益。从经济管理的视角来看，大数据的重点不在于"数据量大"，而是它如何贡献创新及创造价值，带来更多的经济与社会利益。

一、应用现状

对企业来说，大数据环境下，原本的商务智能系统（Business Intelligence）必须逐渐转型来适应大数据。例如，目前已经进入了以网络环境为主的商业情报分析时代，企业的经济管理决策需要结合更多的企业外部及非结构化数据，并进行实时数据分析、观点挖掘、网络分析或文本挖掘等深度分析。近年来，在移动终端、RFID 及情景感知技术逐渐普及的情况下，产生了各种移动性强、与位置相关、以人为中心、情境敏感的数据，如何高效处理这些复杂的数据并进行更深层次的分析挖掘，将是企业大数据应用的重要任务。换句话说，企业必须运用大数据，持续在既有数据源与新数据源中，发掘出各种样态、事件和机会。当今世界，变化非常迅速，反映这种变化的数据自然也处于经常变动和不稳定的状态，任何组织若能比竞争对手迅速而聪明地发掘数据，进而转变为商机，并为此商机采取相应的行动，就能获得竞争优势。为此，许多企业都在积极开发适应大数据特征的大数据管理与应用系统，同时，还有许多企业，特别是互联网公司，也在积极开展大数据服务。

（一）大数据管理与应用系统

这里的大数据管理与应用系统是指对大数据进行采集、存储、管理、计算、分析以及展示的平台。从谷歌公司的 MapReduce 和 Cloud Dataflow、阿帕奇软件（Apache）基金会的 Hadoop 和 HBase 等产品来看，目前这类系统的重点都在于分布式或并行式的数据存储、计算和分析。下面列举当前市场上的主要大数据管理与应用系统的厂家及其产品。

1. IBM 公司

IBM 公司的典型大数据管理与应用系统平台是 InfoSphere BigInsights和 InfoSphere Streams，IBM 公司大数据平台的整体架构如图 6—5 所示。

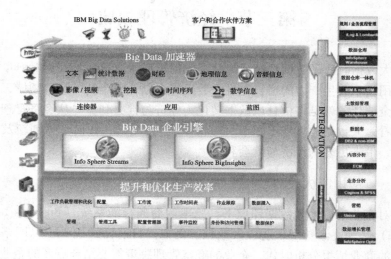

图 6—5　IBM 公司的大数据平台整体架构

InfoSphere BigInsights 和 InfoSphere Streams 都是帮助企业从大量不同类型和范围的数据（如日志记录、点击流、社会媒体数据、新闻摘要等）中挖掘商机并进行分析的系统，但在数据处理任务及分析技术方面有差异。其中，InfoSphere Streams 采用了内存分析技术，对数据分析有实时需求的用户可以使用 InfoSphere Streams；而 InfoSphere BigInsights 则用于静态大数据的分析。InfoSphere BigInsights 的存储和运算框架采用了 Hadoop、MapReduce 以及通用的并行文件系统，分析功能除了传统领域的业务数据分析之外，还加强了文本分析和预测分析；而 InfoSphere Streams 的重点在

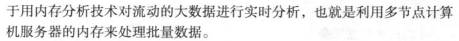

于用内存分析技术对流动的大数据进行实时分析，也就是利用多节点计算机服务器的内存来处理批量数据。

2. 甲骨文公司（Oracle）

甲骨文公司集成了相关软硬件（如 Oracle Big Data Appliance，Oracle Big Data Connectors，Oracle Endeca Information Discovery 等）为企业解决大数据问题。公司通过一个集成设计的大数据机（Oracle Big Data Appliance）获取及组织海量数据，并通过大数据连接器（Big Data Connectors）与 Oracle 数据库云服务器和 Oracle 数据库紧密集成。数据从 Oracle 大数据机加载到 Oracle 数据库云服务器或 Oracle 数据库之后，用户可以使用甲骨文 R 统计编程环境企业版（Oracle R Enterprise）、数据库内的数据挖掘（In – Database Data Mining）、数据库内的文本挖掘（In – Database Text Mining）、数据库内的语义分析（In – Database Semantic Analysis）等工具进行高级分析。2014 年，甲骨文公司更在甲骨文全球大会（Oracle Openworld）上推出了"甲骨文分析云"（Oracle Analytics Cloud）的云端分析产品组合，该组合包括：①商务智能云服务，专门针对云端环境进行优化，能让使用者从诸如云数据、本地数据、合作厂商应用程序等多个数据来源进行数据组合，从而快速创建丰富的交互式分析应用程序；②用于行业 SaaS 用户的嵌入式交易分析，与 Oracle 软件服务（SaaS）应用完全集成，并将交易商务智能分析功能嵌入到 Oracle 软件服务应用程序中，为使用 Oracle 软件服务的行业用户提供包括人力资本管理、客户体验、企业资源规划在内的实时分析报告；③用于行业 SaaS 用户的深度跨数据源分析，可以用一致的视图将 Oracle 软件服务（SaaS）应用程序以及第三方数据源的客户数据、销售数据、市场数据、金融数据、供应链数据等集成到一起，以便进行分析；④大数据服务，用 Hadoop 框架，以安全、可管理、弹性及易用的方式存储、分析和处理大量数据；⑤大数据发现服务，以可视化的方式，在 Hadoop 上实现数据整理和大数据分析，可让业务分析师、数据科学家及 IT 员工就大数据分析项目进行合作，并且加快价值实现。

3. 其他 IT 公司

其他 IT 公司也推出了相关大数据系统，例如，思科公司推出的整合运算系统（Unified Computing System），支持数据密集型分布式应用，将运算、网络、管理、虚拟化及储存集成到一个整合架构中。惠普公司推出的 HAVEN 云服务套件，利用 HP Haven OnDemand 在惠普 Helion 云中部署大数据平台，可快速获得数据驱动型的分析结论。

（二）大数据服务

在大数据管理与应用系统以及新兴信息技术辅助下，众多互联网公司开始结合大数据系统和自身拥有的数据，开展各种大数据服务。

1. 谷歌公司

谷歌公司结合云平台技术推出 BigQuery，是一种为了大数据而诞生的企业级云计算服务，其核心是一项云平台的基础服务（Platform as a Service），适用于太字节（TB）级别的大数据分析处理。但是需要注意，BigQuery 是一项付费服务，服务对象是需要大规模数据分析但又不想承担硬件设备投资的企业。每月每 1 GB 数据的存储费用是 0.020 美元；实时分析服务收费标准是每月每处理 1 GB 数据收费 5 美元，但每月对于前 100 GB 的数据分析是免费的。

2. 微软公司

微软公司推出基于 Hortonworks 数据平台的 HDInsight，借助大数据解决方案，低成本储存所有类型和规模的数据，使用 SQL Server 并行数据仓库的 PolyBase 功能合并关系数据和非关系数据，进而获取新的数据整合结果，此外，也可以使用微软的"商业智能增强版"（Power Business Intelligence）工具合并内部和外部数据并回答各种问题。

3. 百度公司

百度公司凭借开放云、数据工厂及百度大脑的技术积累推出了大数据引擎，包括了开放云、数据工厂和百度大脑三个核心组件，以平台化和接口化的方式，对外开放其大数据存储、分析和智能化处理等核心能力。拥有大数据的行业可以将自己的数据接入到这个引擎进行处理；同时，一些企业在没有大数据的情况下，也可以使用百度数据及其大数据成果。另外，在 2014 年的百度世界大会上，百度公司还展示出该公司的多种其他大数据服务，包括百度司南（基于网络用户行为数据和分析技术，用数字化形式展现用户行为，从而支持企业营销决策）、百度眼镜（可穿戴式设备，对用户第一视角的视觉信息进行图像分析，结合百度大数据分析能力和自然人机交互技术，提供用户所见实体背后的信息及相关服务）、百度医疗大脑（结合了大数据分析、人工智能、图像识别、机器学习等先进技术及来自于医疗机构的海量数据，支持个人健康管理、智慧医疗等领域）等。

4. 腾讯公司

腾讯公司推出腾讯大数据平台，汇集旗下所有业务数据，开放腾讯分布式数据仓库，支持百 PB 级数据的存储计算，不定期地发布各种专业数据分析报告。腾讯大数据平台包括了腾讯分布式数据仓库（Tencent distributed Data Warehouse，TDW）、腾讯实时计算（Tencent Real - time Computing，TRC）、腾讯数据库（Tencent Data Bank，TDBank）和盖亚（Gaia）统一资源调度平台等四个核心模块。其中，TDW 用来做批量的离线计算，TRC 负责做流式的实时计算，TDBank 是统一的数据采集入口，Gaia 则负责整个集群的资源调度和管理。此外，腾讯大数据平台还整合了 QQ 与微信业务的海量数据。

5. 阿里巴巴集团

自 2009 年，阿里巴巴集团开始布局与云计算相关的各种服务，例如，阿里云、阿里巴巴自主研发的飞天开放平台（Apsara）、弹性计算、数据存储、大规模计算、云安全与管理、万网服务等。到 2014 年，更将"云 + 端"确立为阿里巴巴集团未来十年的重要战略，以此建立大数据时代中国商业发展的基础设施。

6. 京东电商

2014 年 10 月，京东通过国家发改委、财政部、工信部和科技部的 2014 年云计算工程审批，开始"跨领域数据分析与创新应用大数据服务平台建设"项目，重点实施海量数据的企业级数据仓库建设、海量数据分析的数据可视化体系建设、电子商务大数据服务体系建设和大数据产品体系建设。

7. 亚马逊公司

推出亚马逊 AWS（Amazon Web Services）云计算服务的大数据解决方案，涵盖了大数据的收集、流式传输、存储、分析、可视化和存档等一系列功能。例如，在数据收集方面，AWS 云服务可以对所需要的存储、计算和数据库服务进行预配置，并将各种数据转换成使用者需要的信息；在传输方面，通过亚马逊 Kinesis 托管服务，可实时处理流媒体大数据，支持的每秒数据吞吐量为数兆字节数据到数吉字节数据；在存储方面，提供亚马逊 3S 在线存储服务（Simple Storage Service，简单存储服务），通过简单的网络服务接口，实现在互联网的任何位置存储和检索任意数量的数据；在分析方面，提供基于 Hadoop 框架的 Amazon Elastic MapReduce（EMR），它是一种应用程序开发工具，具有日志分析、Web 索引、数据仓库、机器学习、财务分析等功能，可以完成 Hadoop 集群的管理工作并执行大数据分析作业。

二、未来发展

从上述企业的实践应用可以看出，大数据与"云计算"（Cloud Computing）关系非常密切，从系统角度说，云计算是大数据应用的基础设施。多数与大数据相关的研究报告都指出，企业在未来会持续增加大数据的投资及应用开发，管理者或决策者会越来越了解结构化和非结构化数据的收集与分析的重要性，这将促使企业把更多的经费投入到大数据系统及分析平台构建，其中云计算是一项重点。

2014 年毕马威会计师事务所发表的《云调研报告：用云提升业务能力》（Cloud Survey Report：Elevating Business in the Cloud）表明，企业的高级管理层对于应用云计算技术的心态已经发生了转变，从过去的降低成本心态，转变成重视以客户和数据为导向。到 2020 年，公共云市场的规模将达到 1 910 亿美元，相对于 2013 年的 580 亿美元有显著增长，其中，云端应用预计将贡献最多，到 2020 年年营业收入将达到近 1 330 亿美元。同时，企业高级管理层认为采用云计算时有三大挑战，它们是：数据丢失和隐私问题（53%），知识产权遭窃风险（50%），对企业 IT 部门造成冲击（49%）。与 2012 年的调查结果相比，企业更注重数据安全和数据保密问题，认为安全和保密比成本效益更加重要。

从技术模式看，云计算是网络计算、分布式计算、并行计算等传统软件技术和网络编程模型、分布式数据存储技术和虚拟化技术等新技术融合发展的产物，是信息技术融合趋势、网络化趋势、服务化趋势的具体体现。同时，云计算可以按照用户需要动态地提供计算、存储、网络宽带等资源，具有可动态扩展、使用成本低、可管理性好、节约能耗等优点。以网络为中心的云计算服务功能强大，无处不在，近年来在其应用方面也出现了"云物联""云教育""云会议"等。例如，2015 年 2 月中国移动与百度公司联合宣布，双方达成战略合作，共建新一代移动互联网云计算中心，致力于为用户提供更稳定的基础网络通信设施及更丰富、创新的多元互联网应用；2015 年 2 月天津市与阿里巴巴集团签署战略合作协议，推进天津云计算大数据、跨境电子商务、农村电子商务、电商人才队伍建设、名优新特及旅游产品网上销售、智能物流、未来医院和银泰线上线下体验中心项目等产业和项目建设。从这两个例子中可以看出，大数据、云技术与具体行业相结合，将是未来的重要发展趋势。

大数据分析除了帮助企业营销与拓展业务，对管理人员来说，更可以延伸成为人力资源管理的有效利器，支撑这项利器的基础来自：①通过数据链接技术串联起来的公司员工数据、财务数据、客户数据等；②通过商务智能系统整合的云计算能力，以提高分析效率；③通过机器学习技术模拟人类的推理过程。例如，2014年11月，美国的人力资源与财务工具云端软件公司Workday表示，公司的云端软件已整合了大数据分析技术，可帮助公司管理层预测可能会在未来一年内离职的优秀员工，甚至还会为公司提供挽留员工的建议措施，诸如为要挽留的员工加薪或调整其工作内容等。又例如，2015年3月的《华尔街日报》刊载报道显示，沃尔玛公司、瑞士信贷集团和Box公司借助大数据分析技术，正在"算"出最有可能跳槽的员工。公司的人力资源部门收集了员工的工作任期数据、员工满意度测评数据、新进员工面谈数据、员工性格测试数据等，建立特定的分析模型，揭示员工的去留动机，分析判断员工的离职倾向性。

第四节　社会服务领域

大数据在社会服务领域应用的目的在于促进公共治理与解决社会服务问题，涉及了信息公开与共享、信息增值与再利用、数据访问与存取、数据保密、数据整合等方面。

一、应用现状

大数据时代社会信息化和政府信息化程度前所未有，物联网、云计算、数据整合、语义网、关联数据、语义发布等新技术的发展及普及，为社会管理与服务实现"智能化"提供了支撑，大数据已经成为改变政府治理与社会服务的重要方法或技术，它强化了跨部门之间的数据共享与关联、支持组织学习与绩效管理，并将管理颗粒度细化到个人，从而可广泛地应用于各种政府服务管理。

（一）政府治理中的大数据应用

政府在行使其职能过程中，采集并积累了大量数据。如何通过对这些数据的分析，创造更多的社会价值，是政府管理的重大关切。例如，北京市海淀区人民政府开展的"网格化社会管理"，就涉及了多源数据或异质异构数据融合和实时分析。为了高度聚合全区信息，整合全区资源，全面加强应急准备，提高应急能力，海淀区建立了"6+1"信息汇聚网络，搜集政府各部门的现有信息资源，规范数据处理流程，统一数据结构。其中，"6"是指网格监控、视频监控、网络监控、公众监督、专项普查、物联网"六位一体"的多维立体监控体系，"1"是指通过信息联动共享、信息快速报送机制，将110、119、120、122、999等紧急呼叫平台接报的突发事件信息集中汇聚到指挥中心；同时，还统筹公安、综治、民政等业务部门的数据采集和双向更新，内容涵盖了全区人口、社会、企业、房屋等多个领域的实有人口、实有房屋、实有单位、实有用工的"四个实有"数据库，并以"基础地理数据库"为基础，整合全区300余个基础数据图层，800余万条城市管理相关的"人、地、事、物、组织"等数据资源信息。这些数据的高度整合与融合，有效地支撑了全区网格化管理的开展。

政府治理的重要特征是在以政府为主体性力量的基础上，广泛地吸收公众参与，这方面，国内外都有成功的范例。以腾讯公司"腾讯大数据服务大社会"项目为例，该项目率先提出大数据服务大社会的理念，通过对大数据的社会化研究，集结各方商业合作伙伴，围绕互联网法律、公共政策、互联网经济、大数据等研究方向，在公共和社会化服务中打破壁垒，实现逐步开放及互助共赢的产业生态体系。其中，腾讯公司推出的"大数据管家"服务旨在研究各类社会治理问题，协助政府改善解决方案，为制度决策者和参与者提供"点对点"的大数据定制服务；"DOCTOR Q"（微保·企鹅博士APP）服务，向公众提供科学、准确和有趣的大数据分析结果及其应用服务。

（二）城市管理中的大数据应用

大数据及新兴信息技术（如物联网、云计算等）在城市管理中的应用，能够实现信息化、工业化与城镇化的深度融合，提高城市管理的精细化和动态化水平。例如，美国芝加哥市提出的"智慧芝加哥"（Smart Chicago）项目，通过传感器节点和手机收集并管理大数据，甚至可以根据居民对某地区垃圾清运不力的电话投诉，预测该地区的鼠患情况。纽约市政府的"纽约市开放数据平台"（NYC OpenData），包括了建筑基础设施、犯罪率、教育、环境、医疗、交通运输、公共安全以及社会保障等各方面数据。政府和其他相关社会组织可以利用这些数据开展各种不同的研究，为城市管理的决策提供参考。以城市火灾预警为例，研究人员根据往年的火灾情况，构建了包括居住者收入（低收入家庭的房子往往更容易发生火灾）、建筑物年龄（建筑物时间越长，设备越容易老化，引起火灾的可能性越大）、建筑物所属环境（环境越差，火灾发生的可能性越高）等在内的 60 个评估指标，并通过特定的算法，为城市中每一栋房屋进行火灾评估，得出了房屋的火灾危险指数，为城市建筑的维护维修提供了科学依据。

城市交通是城市管理的另一种常见应用。例如，IBM 公司提出了智慧交通体系，认为智慧交通等于交通的物联化、互联化和智能化。在这个体系中，利用地感线圈、高速摄像头、RFID 射频标记和 GPS 全球定位系统等前端传感设备将数据收集上来，再通过无线、有线等方式对数据加以汇总，在统一的平台上对交通状况进行综合分析，针对出现的问题或发生的事故，根据预案进行协调处理。又例如，纽约大学帮助纽约市政府构建了一个名为"城市单车"（Citi Bike）的自行车共享系统，搜集来自 75 000 个纽约市内城市自行车的停靠纪录，经分析后绘制出可视化的城市自行车动态路线图。这个动态自行车路线图实际上是一张网状分布的网络图，网络的节点是城市自行车站点（自行车的借还点），节点之间的点状连线就是自行车的行驶轨迹，图中的网络形状会随时间的变化而变化。这项应用服务除了能协助政府了解民众骑车路线的喜好外，也能快速掌握城市交通高峰时间的分布，针对交通繁忙时段提供更有效的疏解方案。此外，瑞典皇家理工学院帮助斯德哥尔摩市政府打造了一个出租车行驶预测分析平台"斯德哥尔摩出租车"（Taxi Stockholm），利用 GPS 全球定位系统搜集全市 1 500 台出租车的实时位置信息，并搭配交通传感器、大众运输系统、环境污染监控设备、水利设备等各种监控数据，用出租车在街道上行驶的位置信息来分析未来的交通情况，甚至还为市民提供出行参考，出行者只要输入出发地点、抵达地点和出行时间，系统就可以提供推荐的路线、可供使用的车辆、沿途的气象情况等。

二、未来发展

从上述应用实例来看，基于物联网技术的"智慧城市"（Smart City）将是下一步大数据在社会服务领域的主要应用，也就是通过物联网技术实现物品的自动识别和信息的互联与共享。2014 年美国高盛公司发表的《物联网：下一个大趋势的意义》（The Internet of Things：Making sense of the next mega – trend）报告指出，物联网的应用领域将从个人的可穿戴式设备，延伸至智慧汽车、智慧家庭、智慧城市，甚至扩展至其他相关产业。根据商务智能情报研究机构（BI Intelligence）估计，到 2017 年，涉及机器对机器技术（Machine－to－Machine，M2M）的设备出货量将超越智能手机，所谓 M2M 技术是指是指机器与机器间的数据交换，利用机器对远程机器进行操控与通信的技术。哈伯（Harbor）市场调查机构发表的《2013 年智能系统预测报告》（2013 Smart Systems Forecast Report）报告也指出，2018 年物联网的服务收益将超过 5 000 亿美元。

例如，谷歌买下的内丝特（Nest）智能家居设备制造商，研发照明方面的物联网技术，所开发的 LIFX 智能型 LED 灯是一种智能型家用照明设备，这种 LED 灯不仅可以彼此相连接，也与 Nest 的其他产品如 Nest Protect 烟雾侦测器、Nest 智能自动调温器等相连接，一旦 Nest Protect 烟雾侦测器检测到家中起火，家中所有的 LIFX 智能型 LED 灯都会亮起红色警告，让居住者马上有所警觉；而当居住者长期外出，LIFX 智能型 LED 灯还会不时随机亮起，佯装屋内有人以免小偷光顾。又例如，在美国芝加哥市的"智慧芝加哥"项目中，由芝加哥大学和阿贡国家实验室合作的"物联阵列项目"（The Array of Things），旨在利用芝加哥道路照明系统收集城市管理的相关数据。部署后的路灯，不仅有优美的造型，而且还安装有传感器，这些传感器不仅能传感到路灯的工作情况，还可以收集环境信息，如气温、雨量、风向、风力、空气质量、日照亮度、城市噪声等，更可以采集附近人群的移动电话通话量，进而估算出区域内的人群聚集情况。这些数据最终被传送到一个名为"芝加哥市数据门户"（City of Chicago Data Portal）的数据平台上，供政府部门、社会组织、公有和私有企业、科研单位使用。

2015 年 3 月我国两会期间，浪潮集团董事长兼 CEO 孙丕恕提出：要基于大数据技术，整合政府、机构组织数据并纳入互联网数据，形成全国统一的综合信用数据资源平台。其实，浪潮集团早在 2012 年 11 月，就与济南市公安局签署了云计算合作协议，打造济南的"公安云计算中心"。"公安云计算中心"以"公安内网、互联网、图像专网、安全接入网"四网为基础，以"存储平台、网络平台、安全平台、应用平台、管理平台"五平台为依托，以"指挥、情报、刑侦、治安、户政、网监、技侦"等各公安业务应用为重点，将原有的 154 个应用系统、30 亿条数据信息全部运作在"云"上，并全面采用大数据技术，对数据进行深度的分析和挖掘，实现人像、指纹比对、卡口监控视频等数据的融合处理，开展行为轨迹分析、社会关系分析、生物特征识别、音视频识别、银行电信诈骗行为分析、舆情分析等多种研判手段，为指挥决策、各警种情报分析研判提供支持，做到围绕治安焦点能够快速精确定位、及时全面掌握信息、科学指挥调度警力和社会安保力量迅速解决问题。

事实上，目前许多国家的许多城市都有类似的智慧城市计划，包括新加坡、法国巴黎、丹麦哥本哈根、美国迈阿密、爱尔兰都柏林、挪威奥斯陆、西班牙巴塞罗那等城市。我国在 2013 年也审批通过 90 个首批国家智慧城市试点，包括北京市东城区、北京市朝阳区、河北省石家庄市、江苏省无锡市、上海市浦东新区等城市区域，将集约、低碳、生态、智慧等先进理念融合到城镇化过程中，借助新一代的物联网、云端运算、决策分析优化等信息技术，将人、商业、运输、通信、水和能源等城市运行的各个核心组件整合起来，以一种更智能的方式开展运行管理，以创造更好的城市生活。

第五节　其他领域的大数据应用现状

除了医疗卫生、科研教育、经济管理和社会服务领域的广泛应用之外，其他领域也十分重视大数据对应用。

在农业领域，大数据、物联网及云计算等技术为农业信息化的进一步发展提供了新的思路和解决方案。例如，2014 年贵州省推出智能农业云公共服务平台，为农产品生产、销售到智能化配送的整个流程提供服务，利用该平台，通过物联网技术与智能终端的结合，可以大量采集各种农业生产、资源管理、环境生态、市场需求等数据，在生产阶段，帮助农民定期监控大棚的蔬菜生长环境并进行智能灌溉管理，在销售阶段，帮助农民了解市场需求，解决产品出路问题。总体来看，大数据在农业领域的应用，除了帮助农民实时掌握农业生产过程所需要的相关数据，在实时数据基础上进行智能化的精准农业管理外，同时也能帮助农民更好地适应市场的要求，并根据市场需求调整种植品种。

在制造业领域，各种机器设备在生产过程中会产生大量数据；在网络通信技术及传感器等的支持下，可以将智能终端设备、存储系统、工业机器等连接成一张大网，随时了解机器的运转情况。例如，2014 年福布斯杂志刊载了工业大数据专题，其中美国通用电气公司倡导的工业互联网，就是连接"人—数据—机器"，通过数据的分析来提高能源使用效率、提高工业系统与设备维护效率、提高营运效率等。

在体育领域，职业体育的特点本身就会产生大量与赛事相关的数据。过去足球比赛的数据统计只有角球、任意球、红黄牌和射门次数等少量数据，到了大数据时代，将可以获取更多的参数，包括跑动距离、有效比赛时间、移动轨迹、控球时间、传球次数等。例如，在2014年巴西世界杯足球赛期间，百度公司推出足球赛事预测平台，构建赛事预测模型，辅助比赛结果的预测，为球队、球员潜能判断以及体彩等方面提供了相应的参考作用。与此类似，2014年美国网球公开赛主办单位在IBM的支持下推出了"美国网球公开赛"（US Open Tennis Championships）应用程序（APP应用），利用该程序，球迷可锁定喜爱的球员，实时接收最新战况，还能直接观看网络直播及全景图像。这个软件还可以提供球场的实时串流影片、球员数据、历史数据、社交媒体动态及大会赛事动态等信息。

在体育比赛中运用大数据分析技术已是常见做法。对美国职业棒球大联盟来说，大数据已成为美国棒球赛事的重要战略分析工具，包括球赛的策略、教练如何管理球员，甚至是改变球迷的看球经验等。根据美国Datanami数据分析公司的经验，一场棒球比赛可以产生超过1 TB的数据，仅一个投手的投球动作，就可以产生超过20种以上的数据，包括投球的角度、球的运动轨迹和手臂运动速度等。利用这些数据，教练可以通过大数据分析对手什么时候可能会出现安打，从而决定场上球员防守的位置等。

此外，在非比赛期间，如何监控球员的身体机能与运动状况，预测可能发生的运动伤害，从而采取避免或预防措施，越来越被球队俱乐部的管理层所重视。澳洲的Catapult sports运动公司近年研发了OptimEye穿戴装置，广泛应用于足球、橄榄球、篮球、曲棍球等运动员的管理。球员只要穿上OptimEye装置，该装置便可采集运动员的跑动距离、速度、变向、加速、减速、弹跳、心跳等多项数据并将这些数据实时地传送给后台计算机，后台计算机中的分析系统对这些数据进行分析，将运动员的运动量和行为方式展现给教练和队医。同时，后台分析系统还可以根据OptimEye传回的数据结合每名运动员的自身情况进行分析，发现运动员的行为缺陷，纠正某些可能导致伤病的行为习惯。例如，有些球员在跳跃时，总是习惯以左腿为起跳支撑点，这种习惯很有可能导致该运动员左腿的旧疾复发或者造成新的肌肉损伤。为此，分析系统会给出警示，提醒教练或运动员有意识地纠正这种习惯。

在文化影视领域，为了解决过去各地区影院经营差异、排片计划、银幕新增数量等不确定因素所造成的电影票房预测失误问题，在预测过程中增加对观众的网络行为及社交网站相关数据的综合分析，将有助于提高电影票房预测的准确度。例如，美国的 The Nmubers. com 网站建立了包括出品公司、影人号召力、拍摄预算、宣传费用、影片类型、光盘售卖情况、影片特质关键词、制片方式、发行策略、影片分级、创新指数等数据在内的庞大的数据库和分析系统，预测单片票房收益；英国的 Epagogix 公司通过电影剧本语义分析，预测影视节目的潜在观众和票房；美国联合人才经纪公司（United Talent Agency）和娱乐数据公司联合推出一种名为"行动之前"（PreAct）的应用程序，该程序使用算法分析社交媒体如 Twitter、汤博乐（Tumblr）、Facebook、电影博客以及其他网站上用户聊天信息或发布的文字，为即将上映的电影项目打分，并反馈给电影制片公司，帮助他们了解观众对新上映影片的态度，以便制定相应的营销策略。

在社会救援领域，大数据也有成功的应用案例。例如，2007 年东非的肯尼亚共和国发生内乱，当地的程序设计师与网络团体建立了 Ushahidi（斯瓦希里语，意为"目击"）系统。该系统是一个开源的平台，任何人都可以利用移动短信、电子邮件、网站向该平台提供信息，Ushahidi 对这些信息进行证实之后，利用谷歌地图服务（Google map）进行地理位置标定。借助这个平台，摆脱了肯尼亚国内媒体受控或停止工作的状态，公众可以直接向国际寻求援助。在 2010 年的海地地震中，Ushahidi 很快成为当时非常知名的记录危机事件的地图平台，极大地支持了地震的救援工作。

本章思考题

1. 请总结大数据在医疗卫生、科研教育、经济管理和社会服务四个领域的应用目的。

2. 医疗卫生领域的公共网络信息服务和专业医疗服务是大数据的应用重点，两者有何差异？

3. 在本章的大数据应用中，已有不少产品或服务紧密结合云计算，请列举相关实例。

4. 情景分析题：

2013 年 12 月，亚马逊公司（电子商务）取得"预判发货"（Anticipatory Package Shipping）的发明专利。未来可能通过对用户行为数据的分析，预测顾客购买行为，在顾客尚未下单之前提前发出包裹，尽可能缩短物流配送时间。此外，亚马逊也表示，系统会使用"模糊填写"功能帮助用户预填地址，将特定产品配送至潜在购买者附近，并在途中向顾客们推荐该项产品。一旦在配送的过程收到订单，顾客便会将地址信息补充完整，提升判断精准度。

根据以上材料，结合本章所学知识，回答下列问题：

（1）亚马逊公司采用了哪些判断数据？

（2）预判发货专利适用何种货品？为什么？

（3）亚马逊公司的预判发货专利，体现了大数据应用的何种重点？与本章列举的大数据应用有何种差异？

参 考 文 献

[1] 白如江，冷伏海．"大数据"时代科学数据整合研究［J］．情报理论与实践，2014，37（1）：94－99．

[2] 王汉生．大数据概念被神化［EB/OL］．http：//www. bjnews. com. cn/finance/2014/06/27/322802. html．

[3] 北京市海淀区突发事件应急委员会办公室．平战一体融合发展——北京市海淀区创新推进应急管理体系建设［J］．中国应急管理，2013：30－35．

[4] 布拉德·斯通．一网打尽：贝佐斯与亚马逊时代［M］．北京：中信出版社，2014．

[5] 车品觉：大数据的核心是用数据找机会［EB/OL］．http：//tech. sina. com. cn/zl/post/detail/it/2014－04－14/pid_ 8446575. htm．

[6] 陈传夫．中国科学数据公共获取机制：特点、障碍与优化的建议［J］．中国软科学，2004（02）：8－13．

[7] 陈宇新．互联网思维 PK 大数据思维［EB/OL］．http：//bk. fudan. edu. cn/d－1376283611945．

[8] 崔宇红．E－Science 环境中研究图书馆的新角色：科学数据管理［J］．图书馆杂志，2012（10）：20－23．

[9] 大数据可以创造巨大的潜在价值［EB/OL］．http：//lohas. china. com. cn/2014－01/07/content_ 6594685. htm．

[10] 大数据剖析：机器学习算法实现的演化［EB/OL］．http：//www. 68dl. com/research/2014/0922/9262. html．

[11] 大数据与企业的数据化运营［EB/OL］．http：//yanbohappy. sinaapp. com/？p＝445．

[12] 丹麦研究机构证明手机与癌症无关［EB/OL］．http：//www. cnbeta. com/articles/19099. htm．

[13] 丁健．浅析大数据对政府 2.0 的推进作用［J］．中国信息界，2012（09）：

12 - 14.

[14] 各国立法保护网络隐私美国法律与自律并行 [EB/OL]. http：//tech. gmw. cn/2012 - 12/13/content_ 5999714. htm.

[15] 工业和信息化部电信研究院. 大数据白皮书 [R]. 北京：工业和信息化部电信研究院，2014.

[16] 谷歌街景小车不只可以拍街景，还有大用处 [EB/OL]. http：//www. ithome. com/html/it/100392. htm.

[17] 顾洪文. 大数据国家档案之韩国：大数据从基础设施起步 [EB/OL]. http：//www. china - cloud. com/dashujuzhongguo/disanqi/2014/0110/22652. html.

[18] 关于 reCAPTCHA 验证码 [EB/OL]. http：//www. baidu. com/link? url = KNZ54C5WV6FpbYdX54wvF5qWuzX2ON6q6VIc0OhNTEom 6vJxoJKmMZugQsVYfCGpwb Z6SVm4tlJPNWgx1QLiiq.

[19] 韩家炜. 数据挖掘：概念与技术 [M]. 北京：机械工业出版社，2001.

[20] 何海地. 美国大数据专业硕士研究生教育的背景、现状、特色与启示——全美23所知名大学数据分析硕士课程网站及相关信息分析研究 [J]. 图书与情报，2014（02）：48 - 56.

[21] 洪程. 国外科学数据服务现状研究 [J]. 图书馆杂志，2012（10）：31 - 34.

[22] 化柏林. 从棱镜计划看大数据时代下的情报分析 [J]. 图书与情报，2014（5）：13 - 19.

[23] 化柏林，李广建. 大数据环境下的多源融合型竞争情报研究 [J]. 情报理论与实践，2015（3）.

[24] IBM2014 论坛：大数据不是海市蜃楼完全可以落地 [EB/OL]. http：//tech. ifeng. com/it/detail_ 2014_ 03/25/35127993_ 0. shtml.

[25] 贾俊平. 统计学 [M]. 北京：清华大学出版社，2006.

[26] 江信昱，王柏弟. 大数据分析的方法及其在情报研究中的适用性初探 [J]. 图书与情报，2014（5）：13 - 19.

[27] 金江军，徐靖，王伟玲. 政府大数据发展对策研究 [J]. 中国信息界，2013（09）：62 - 64.

[28] 快改密码：大量 12306 用户数据泄露 [EB/OL]. http：//www. ithome. com/

html/it/119581. htm.

　　［29］李国杰，程学旗. 大数据研究：未来科技及经济社会发展的重大战略领域——大数据的研究现状与科学思考［J］. 中国科学院院刊，2012（6）：647－657.

　　［30］刘智慧，张泉灵. 大数据技术研究综述［J］. 浙江大学学报（工学版），2014，48（6）：957－972.

　　［31］吕光. 大数据国家档案之法国：智慧城市中的大数据［EB/OL］. http：//www. china－cloud. com/dashujuzhongguo/disanqi/2014/0115/22708. html.

　　［32］美国第二大的超市塔吉特百货（Target）"大数据"［EB/OL］. http：//www. hnten. com/news－id－27. html.

　　［33］孟小峰，慈祥. 大数据管理：概念、技术与挑战［J］. 计算机研究与发展，2013，50（1）：146－169.

　　［34］蒙遗善. 大数据国家档案之印度：大数据是 IT 行业的新增长机遇［EB/OL］. http：//www. china－cloud. com/dashujuzhongguo/disanqi/2014/0120/22799. html.

　　［35］欧盟大数据发展战略［EB/OL］. http：//www. mofcom. gov. cn/article/i/jyjl/m/201412/20141200826137. shtml.

　　［36］如何才能防钓鱼［EB/OL］. http：//www. cgbchina. com. cn/Info/12563778.

　　［37］数据废气的威力：从退信邮件中赚钱［EB/OL］. http：//panmedia. net/pmi-briefs/2136.

　　［38］数据科学家 & 数据工程师与数据分析师的不同细分职能［EB/OL］. http：//www. 36dsj. com/archives/10287.

　　［39］数据科学家可能成为 2015 年最热门职业［EB/OL］. http：//www. csdn. net/article/2015－01－04/2823395.

　　［40］数据堂：国内首家大数据共享交易平台［EB/OL］. http：//datatang. com/.

　　［41］数据中心（IDC）生命周期的全能解决之道［EB/OL］. http：//sbgl. jdzj. com/tech//200906/20090601124422_ 42732. html.

　　［42］司莉，邢文明. 国外科学数据管理与共享政策调查及对我国的启示［J］. 情报资料工作，2013（01）：61－66.

　　［43］涂子沛. 大数据［M］. 桂林：广西师范大学出版社，2014.

　　［44］涂子沛. 大数据及其成因［J］. 科学与社会，2014（01）：14－26.

［45］维基百科［EB/OL］. http：//zh. wikipedia. org/wiki/US－984XN.

［46］维克托·迈尔－舍恩伯格，肯尼思·库克耶著. 盛杨燕，周涛译. 大数据时代——生活、工作与思维的大变革［M］. 杭州：浙江人民出版社，2013.

［47］王政. 数据生命周期管理的增值空间［J］. 电脑商报，2006（1）.

［48］邬贺铨谈智慧医疗：大数据价值堪比石油［EB/OL］. http：//www. cn－healthcare. com/conferences/hybd/2012－12－19/content_415555. html.

［49］吴昱. 大数据精准挖掘［M］. 北京：化学工业出版社，2014.

［50］杨道玲：大数据在电子政务中的应用研究［J］. 信息化研究，2014（12）：1－10.

［51］医疗大数据，临床怎么用［EB/OL］. http：//www. bioon. com/trends/news/601314. shtml.

［52］雨前. 澳大利亚：开放数据平台和公共服务大数据战略［EB/OL］. http：//www. china－cloud. com/dashujuzhongguo/disanqi/2014/0108/22591. html.

［53］雨前. 大数据国家档案之英国：大数据的积极拥抱者［EB/OL］. http：//www. china－cloud. com/yunzixun/yunjisuanxinwen/20140122_22857. html.

［54］雨前. 大数据：新加坡的新资源［EB/OL］. http：//www. china－cloud. com/dashujuzhongguo/disanqi/2014/0121/22831. html.

［55］于施洋，杨道玲，王璟璇. 基于大数据的智慧政府门户：从理念到实践［J］. 电子政务，2013（05）：65－74.

［56］张泽根，赵振宇. 关于海淀区社会服务管理网格化工作的思考［J］. 城市管理与科技，2012（04）：50－53.

［57］赵刚. 大数据：技术与应用实践指南［M］. 北京：电子工业出版社，2013.

［58］赵国栋等. 大数据时代的历史机遇：产业变革与数据科学［M］. 北京：清华大学出版社，2013.

［59］支点网. 检测大数据的真实成本［EB/OL］. http：//www. topoint. com. cn/html/article/2012/09/333112. html.

［60］中关村在线. 互联网60秒：YouTube上传了72小时视频［EB/OL］. http：//news. zol. com. cn/389/3895909. html.

［61］中国计算机学会大数据专家委员会，中关村大数据产业联盟. 中国大数据技术与产业发展白皮书（2014）［R］. 北京：中国计算机学会大数据专家委员会，2014.

［62］中云网. 大数据国家档案之德国：数据保护的典型［EB/OL］. http：//www. china‐cloud. com/dashujuzhongguo/disanqi/2014/0109/22611. html.

［63］中 云 网. 日 本：用 大 数 据 创 建 最 尖 端 IT 国 家［EB/OL］. http：//www. chinacloud. cn/show. aspx？id = 14349&cid = 16.

［64］周晓英. 情报学进展系列论文之七——数据密集型科学研究范式的兴起与情报学的应对［J］. 情报资料工作，2012（2）：5 – 11.

［65］邹北骥. 大数据分析及其在医疗领域中的应用［J］. 计算机教育，2014（07）：24 – 29.